在任何場合都能派上用場，人類最棒的工具

經典刀具事典

突擊刀、軍用刀、瑞士刀……50把名刀全收錄！

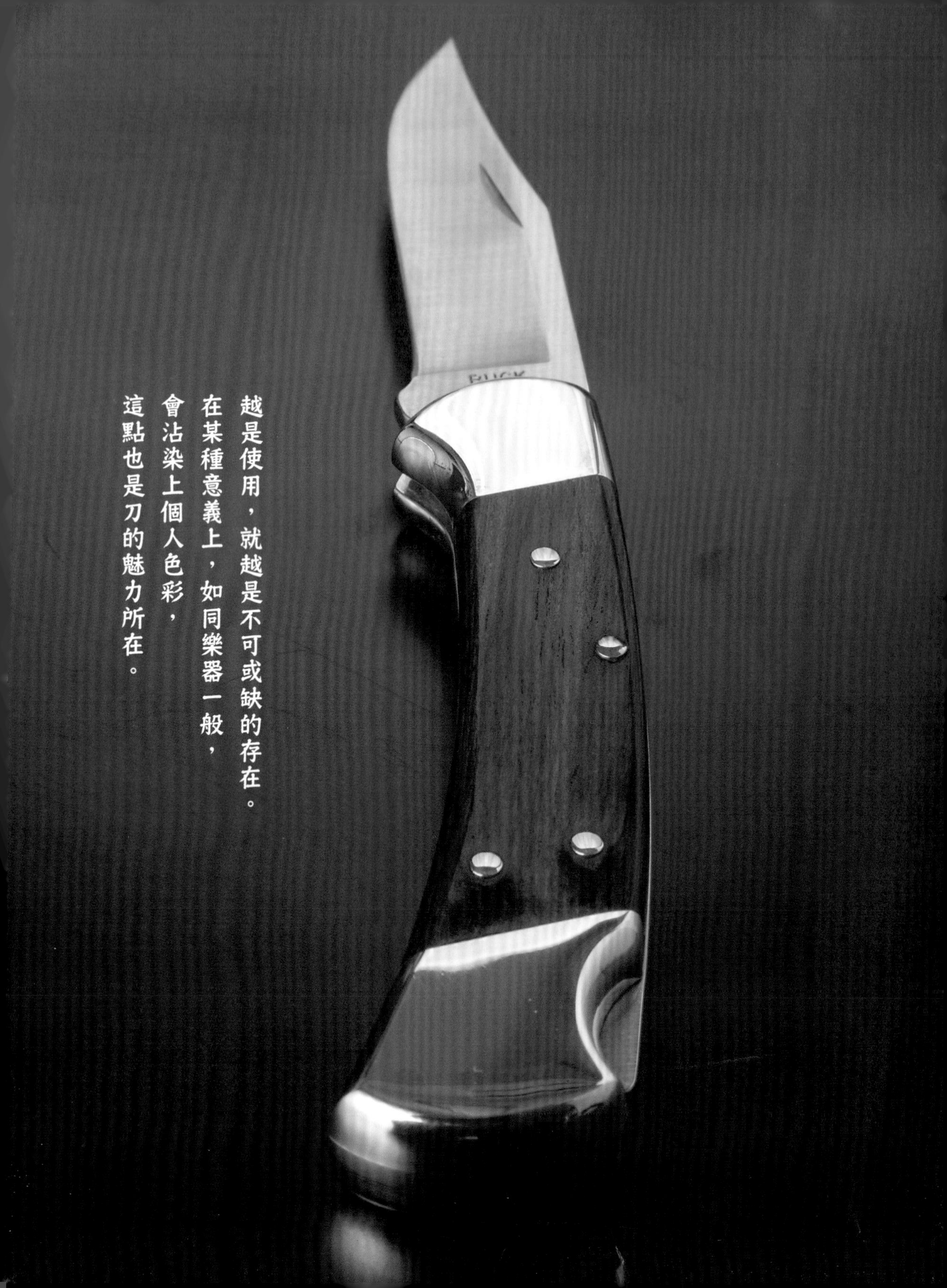

越是使用，就越是不可或缺的存在。
在某種意義上，如同樂器一般，
會沾染上個人色彩，
這點也是刀的魅力所在。

發現你所不知道的刀具使用方法

來我店裡買刀具的客人們，會談論很多關於刀具的話題後，才肯回去。

「我把防水材質H1的刀具放在泳褲裡不管，即使過了一個禮拜，也沒有生鏽。」有人熱中於談論這類話題；有人只專注在敘述鋼材、握柄上的金屬；也有人在機場被沒收VICTORINOX的刀，而感到很難過。其實，我覺得每個人的日常生活，就像一部部電視劇的片段，因為每個人對於各式各樣的刀具，都有其強烈的想法。

刀具是種當你在學習使用方法、保養，甚至是規範的同時，會越用越上手的東西。在某種意義上，也會有像學習樂器一般的感受，變成越使用就越是不可或缺的存在。不只如此，還會沾染上個人色彩，這也是刀具的魅力之一。

本書是您選擇刀具時的指南。

許多人在選購刀具時，會說「朋友推薦我買的」、「覺得在從事戶外活動時，應該會用到」。但是刀具是種工具，所以很重要的是，要依據使用者的目的來選擇。當你理解刀具的規格、使用方法，入手後，把它當作是你的好伙伴般對待，也能使用得比較久。在你還搞不清楚狀況就想購買刀具前，如果先閱讀這本書，應該會對你有很大的幫助。

今後，無論你是「我對刀有興趣」、「有把刀的話，很方便」等想法的人，或是正覺得「總覺得走不進刀的世界」，亦或是「不知道要怎麼使用」、「光是拿著把刀，就感到很恐怖」這種覺得和刀有距離感的人，我想向你推薦這本書。

本書的章節架構，Part.1說明刀具的基本資料。之後，將介紹11家刀具製造廠商的產品，共計50把刀。在Part.2與Part.3依據刀具的種類，分別介紹「軍用／警用／救援用」與「戶外活動」2類刀款。Part.4則是說明刀具的保養方法。

我自己藉由撰寫這本書，對刀具又重新燃起興趣。我從各個角度來進行本書的撰寫，像是製造廠商的想法、排版格式的美觀、要製作成什麼樣的書呢……對刀具又有新的認識，而且已經變成更吸引人的存在。

只要使用方法正確，刀具絕對是個能幫助大家、守護大家的工具。我覺得當你理解基礎後，將會發現你所不知道的刀具使用方法。如果你能藉由本書學習到刀具的基礎，實在是沒有比這更好的事了。

MALUGO　金子英次

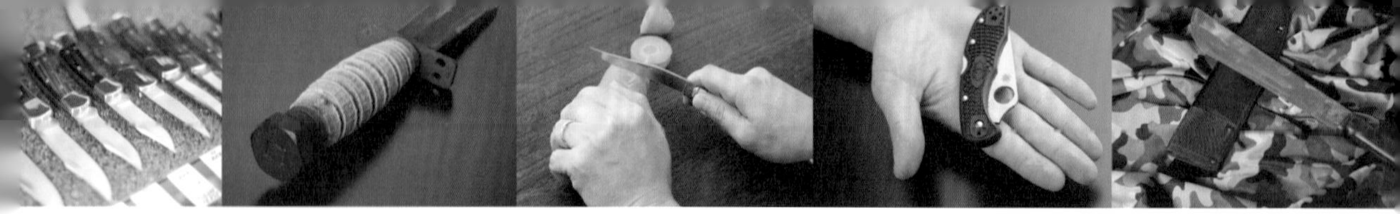

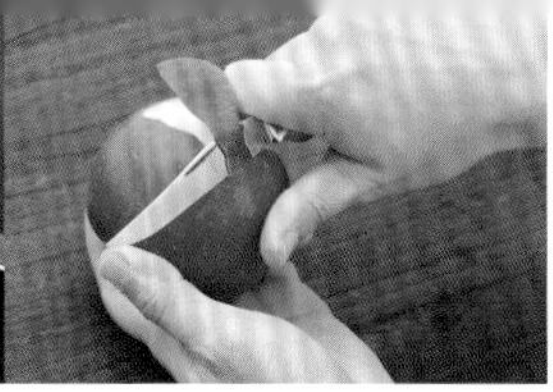
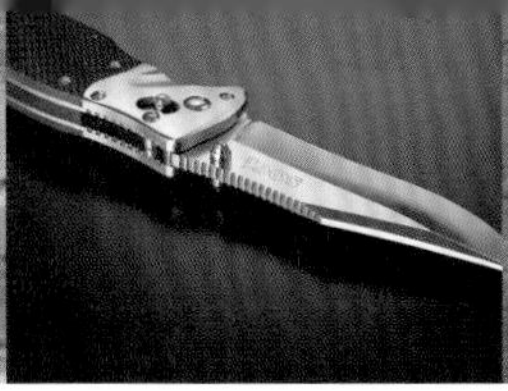

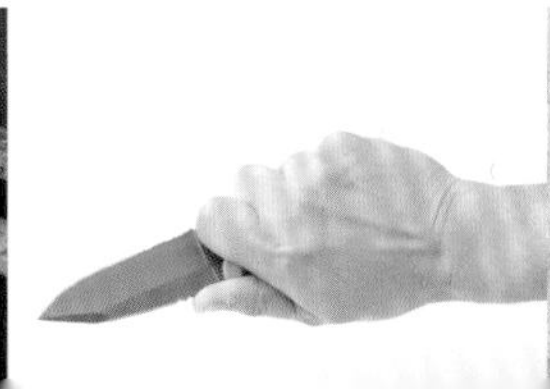
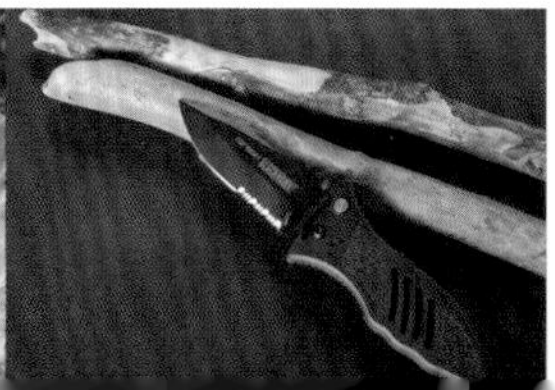

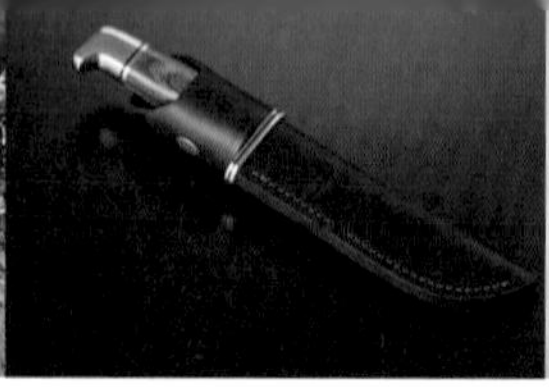

關於本書所刊載的商品價格與詳細資訊，請洽刀具商店Malugo、其網路商店（http://www.malugo.com），或各商品的正式代理商。

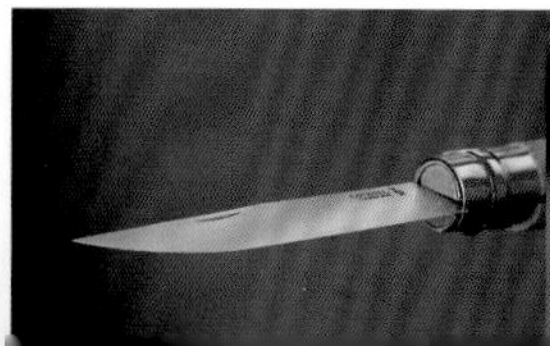

PART 1

刀的基礎

什麼是刀？本章將先掌握刀具的基礎知識。刀具的發明要追溯到遙遠的過去，它和人類共同走過漫長的歷史，存留到今日。那麼，現今的刀具有哪些種類呢？有怎樣的構造呢？各式各樣的刀刃形狀有什麼用意嗎？用什麼材料製作的呢？對於刀具認識得越多，就越有趣喔！

刀的小檔案

人類最早的道具是石製的刀具

「人類最早使用的道具。」認真說來，就是刀具了。

刀具誕生於史前的石器時代。人類敲裂石頭，製成的石刀，是刀具最初的雛形。自人類和刀具相處開始，至今已有300萬年以上了。

當人類的智慧更上層樓後，不只是敲裂石頭來製刀，更懂得研磨石頭來製刀。而且，在懂得操控火之後，不只是石頭，還會使用青銅這類金屬。

最早使用鐵器製作利刃的是美索不達米亞的西臺人。據說在距今大約4000年前，就已經開始製作。當人類懂得使用鐵器之後，在此之前的製刀材料都被淘汰，世界各地豐富的原料也推波助瀾，鐵製的刀在世界各民族手中，以各種獨特的姿態，蓬勃發展。

與近代刀具有直接關係的是，歐洲的工業革命。當時大量生產相同品質的刀具，製造出都會型口袋刀的原型。正值西進運動的美國，刀具成為生活的工具、守衛的武器、開拓疆界的必需品，並且朝更大型，更實用性進化。

終於，美國的西進運動結束。刀具擺脫了開拓疆界的嚴酷角色，現在搖身一變，成了小型的戶外活動用刀或運動用刀。

突刺

削皮

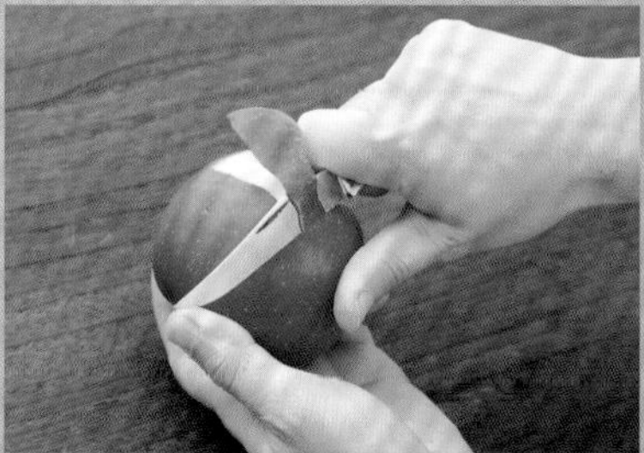

刀具的功能單純
卻是最根本的功能

我們能用刀具來突刺、削皮、分割、切斷4個動作，無論哪一個都是非常單純的功能。

對於生在現代的我們來說，即便不運用刀具的這些功能，或許還能生活下去。但是，對於我們的祖先來說，刀具的這些功能，是在大自然中生存不可或缺的。過去的孩子們在長大成人之前，都必須將這些刀具的使用原則好好地牢記在心，才能獨當一面。

突刺時，使用刀尖較尖銳的部分；削皮時，使用靠近刀尖較圓弧狀的部分；分割東西時，先刺穿後，再用刀刃來割開；切斷東西時，則使用刀刃最筆直的部分。

現代人要如何正確使用刀具的這些功能呢？光是想像人類與大自然搏鬥的那段遙遠歷史，就會讓人希望，即使一種也好，想要多學會人類的好夥伴——「刀具」的使用方法。

為了發揮功能，人們在刀具上下了很多工夫，也做了各種設計。根據用途來區分，是刀具的基本原則之一，如：戶外活動用刀、野外求生用刀、戰術用刀等。但是，原本只有單一功能的刀具，隨著使用者的創意發想，可能的用途越來越廣，這也可說是刀具的魅力之一。

分割

切斷

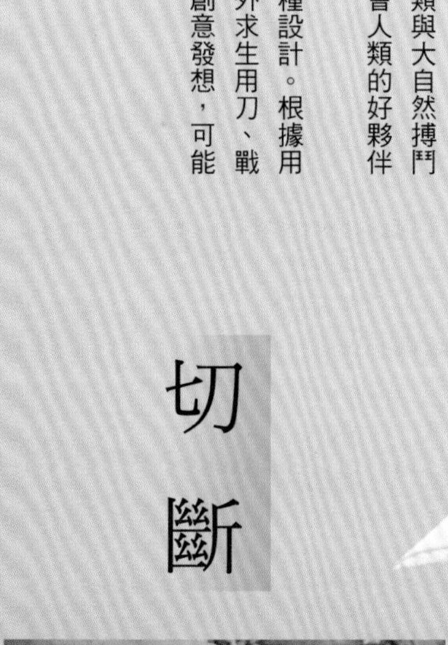

鞘刀與折刀

刀具的種類大略可分成2種

從構造上來區分，可將刀具大略分成2種類型，即是「鞘刀」與「折刀」。

要如何區分並不難，簡單來說，就是刀片「可以折疊」與「不可折疊」的差別。刀片不可折疊的稱為「鞘刀」，而刀片可以折疊的則稱為「折刀」。

刀片固定在刀具握把裡的鞘刀

對於刀具不甚瞭解的人，或許會覺得刀具可以折疊比較厲害。但對於瞭解刀具的人來說，能夠靈活運用鞘刀，才會覺得開心吧。

鞘刀保留著刀具的原生樣貌，即是刀具最原始的形狀。由於鞘刀的刀片固定在刀具握把裡，強度當然極高，而且單手就可以拔出使用，能應付緊急狀況。因為這類刀具是收進「鞘」裡，才稱為「鞘刀」。

在戶外，一把刀就得處理各種狀況。修剪樹枝、割斷繩索，還須用它來做料理。尤其在野外求生時，還得用刀具來挖鑿洞穴。因此，比耐用度，鞘刀比較好。

另外，在料理完像魚這類食物後，只要將鞘刀「唰！」地用水清洗，再擦乾即可，很好保養。

攜帶方便度上取勝的是折刀

另一方面，折刀則是在攜帶方便度上取勝。只要將刀片折疊，就可放入口袋裡，隨身攜帶。俗稱的口袋刀，其實就是折刀的形制。歐美人有隨身攜帶小型口袋刀的習慣，用來拆信、拆包裹，或是在野外時料理食物之用。

現在的折刀在刀片展開時，大多有安全鎖的裝置，但過去沒有安全鎖，而是採「滑動接頭（Slip Joint）」的形制。在營地所使用的瑞士刀，也都是這種形制。使用過後，單手就可以折疊收合，因此很方便使用。只是，有個危險性存在，若使用當下刀片在不注意時收合，手指將會受傷。

提高安全性的安全鎖裝置

附有安全鎖裝置的折刀，由於刀片被牢牢固定住，安全性也大大提升。只是，在解開安全鎖時，必須雙手並用，方便性就大打折扣。不過，近年已有業者在研發單手即可開關安全鎖的折刀。

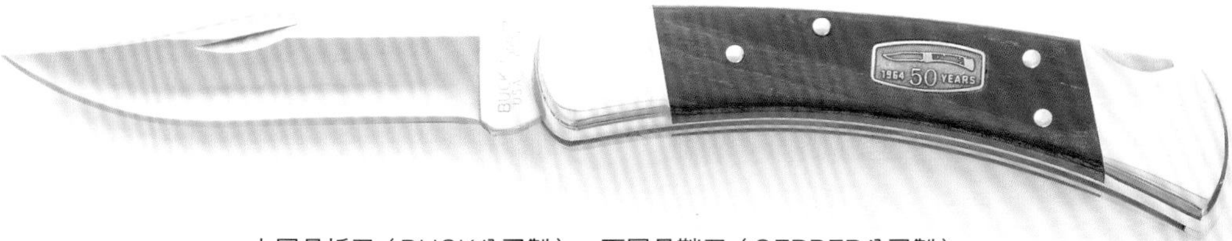

上圖是折刀（BUCK公司製），下圖是鞘刀（GERBER公司製）。

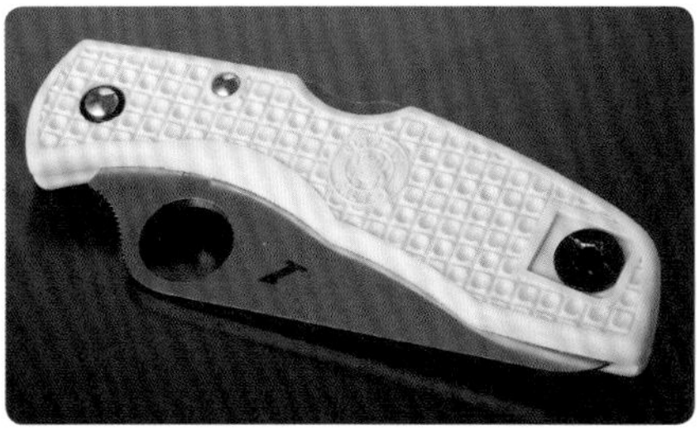

SPYDERCO的折刀，單手就可以快速展開。

露營時所使用的瑞士軍刀，是種採用滑動接頭的折刀。

也有像柴刀的大柄鞘刀。

刀具的構造與各部位名稱

可從鞘刀認識刀具的基本構造

我們已經知道，刀具可以大略區分為鞘刀和折刀2種類型。而在構造上，此2類刀也有所不同。在使用刀具時，理解其基本構造很重要。在此做個說明吧。

首先，從構造較為簡單的鞘刀開始。要先注意的是，折刀和鞘刀的構造有滿多共通之處。

第一，是刀具的本體。根據功能不同，可以分成2大部分，即是「刀片」和「刀具握把」。

刀片是刀具的主體，也就是刀身，而刀片上有刀刃。如果少了這部分，就稱不上是刀具。

刀片的各個部位有其名稱。最先希望大家注意的是「刀尖」，這是刀具的前端，刀鋒部分。要突刺東西時，就是使用刀尖。

再來希望大家注意的是「刀刃」，這是刀具的「邊緣」。要切割東西時，就是使用刀刃。將刀刃壓在要切割的東西上，往後一拉即可切斷。

而刀刃還可再分為2個部分。筆直的部分是「直線刀刃」，靠近刀尖有弧形曲線的部分，則是「弧形刀刃」。

另外，刀片根部附近較為平坦的部分是「刀頸／刀榫」。這部位通常會刻印製造廠商的品牌名稱。

刀片和刀具握把的接合處，有個保護手指的防護物，稱為「刀柄」。而可以穿線的洞口，則稱為「繫繩孔」。

從折刀來認識安全鎖的各個名稱

關於折刀，我們以具代表性的安全鎖式構造為範本，帶大家來看看折刀各部位的名稱。

折刀的刀片和刀具握把這類主要基本構造，都和鞘刀相同。最大的不同點，在於可活動的部分，以及展開刀片時，用來固定的安全鎖裝置。

讓刀片在旋轉時，仍固定於刀具握把的零件，稱為「支軸」。以此為中心，刀片可以旋轉，也可以開合。

固定展開刀片的零件，稱為「鎖栓（Lock Bar）」，或「鎖定條（Locking Bar）」。「鎖扣（Lock Pin）」將鎖栓安裝在刀具握把裡，讓刀片可以旋轉；並將鎖栓嵌在刀片的「鎖溝」，用來固定刀片。

用來解除安全鎖的開關，稱為「鎖定開關」，或「鎖定按鈕」。按壓這個部位，即可解除或鎖定安全鎖。

〈刀具各部位的名稱〉

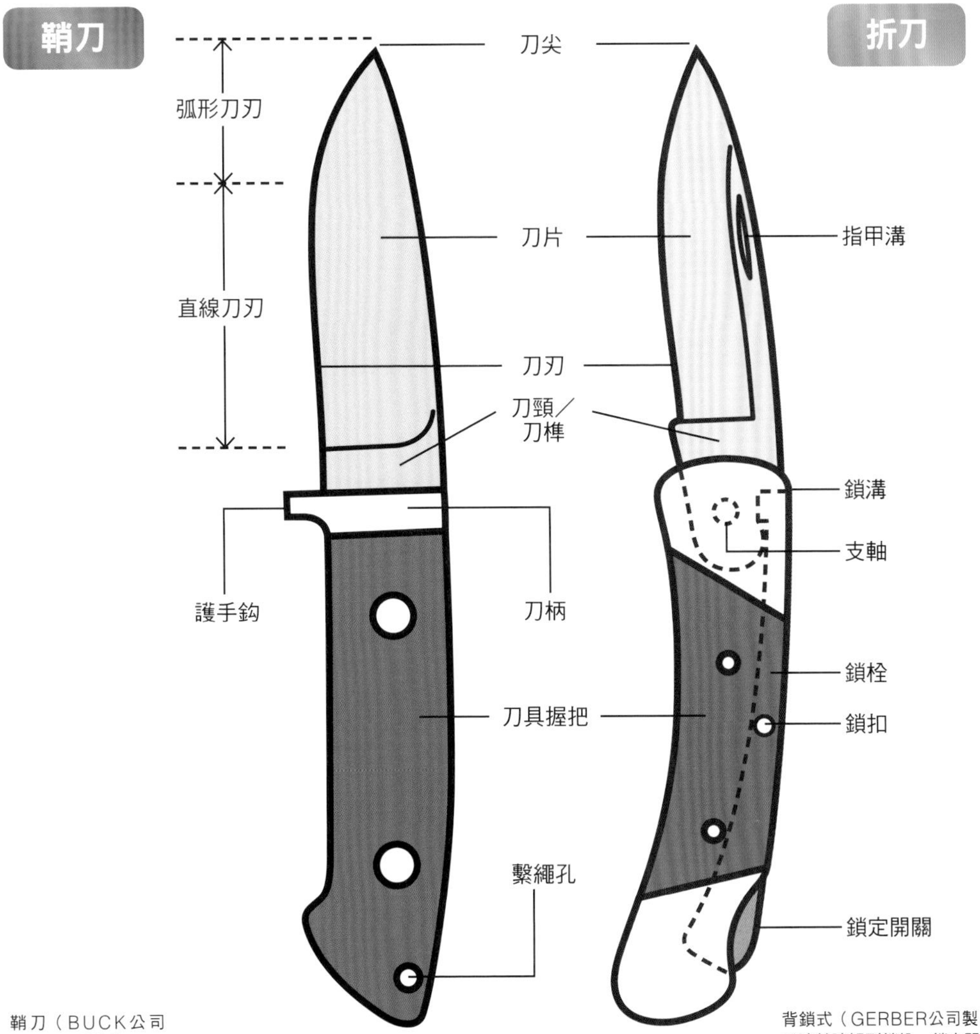

鞘刀（BUCK公司製）的刀具握把、刀柄和護手鈎。

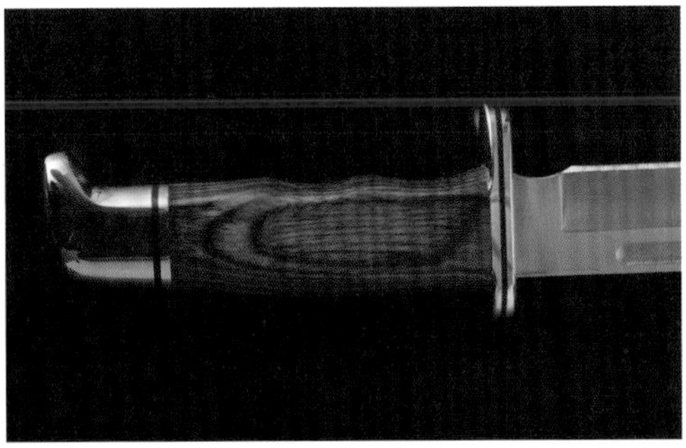

背鎖式（GERBER公司製）。可以清楚瞭解到鎖栓、鎖定開關、支軸和鎖扣。

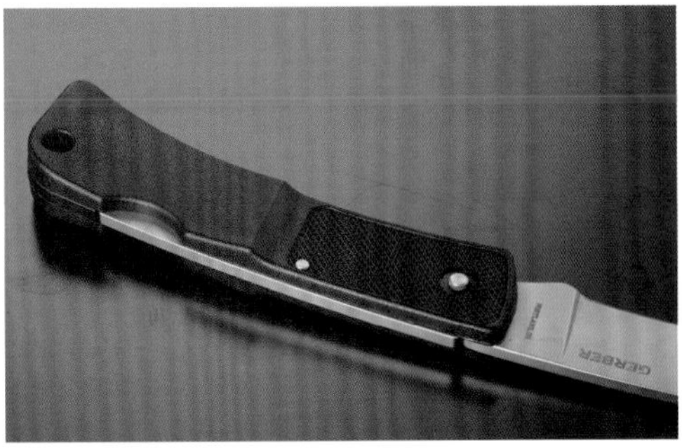

折刀的開闔方式

典型的背鎖式折刀

可以折疊的折刀，無論展開或收合，基本上都需要雙手並用。

用來固定展開刀片的裝置，種類繁多，其中最典型的是「背鎖式」。在刀具握把的背後，附有「鎖栓」，將鎖栓嵌在刀片的「鎖溝」裡，就能固定刀片。

在此，我們以背鎖式折刀中最具代表性的BUCK公司的「獵人大折刀」為例，來向大家說明。

展開時，先將拇指的指甲搭在名為「指甲溝」的小溝上，並展開刀片。將刀片略微展開後，手指改握住刀背，旋轉刀片的同時，也將刀片更加展開。

當刀片展開到筆直狀態時，請確定是否聽到「咔」的一聲，有發出聲響才代表鎖栓有嵌在鎖溝，刀片有好好固定住。

收合時，先按壓鎖定按鈕，以解除鎖栓的鎖定。之後用左手旋轉刀片，將刀片收進刀具握把。

110獵人大折刀50周年紀念版 110 Folding Hunter Knife 50th Anniversary Edition（BUCK公司製）

使用鰭狀撥桿和拇指柱就能單手展開

另一方面，最近有出現各種折刀的安全鎖裝置和展開方式。SMITH&WESSON公司製的戰術折刀（CKG20BRS EXTREME OPS），按壓刀具握把背後的鰭狀撥桿和刀片上的拇指柱，就可以單手展開折刀。

展開時，按壓刀具握把背後的鰭狀撥桿，使刀片露出。刀片些微露出後，大拇指抵住拇指柱按壓後，即可展開刀片。當刀片呈現筆直狀態，請確認是否聽到「咔」的上鎖聲。

收合時，先解開在握把側邊的鎖定，接著雙手將刀片收回刀具握把裡。

CKG20BRS戰術折刀EXTREME OPS（SMITH&WESSON公司製）

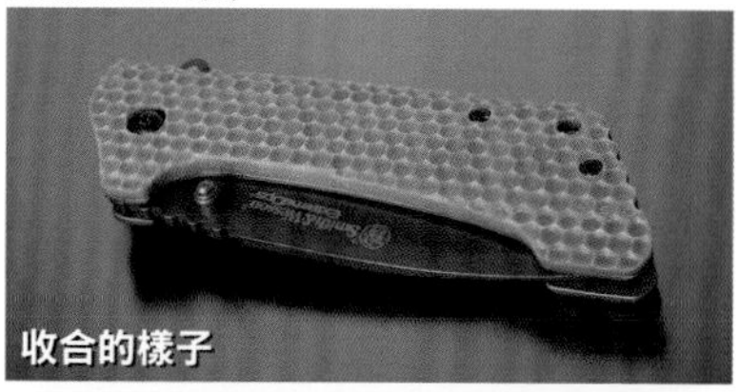

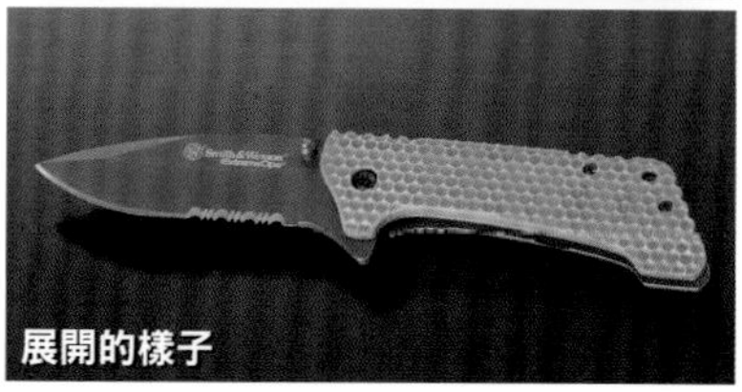

展開刀具時（背鎖式）

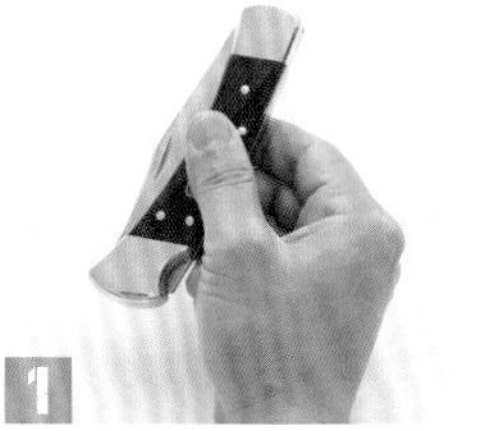
右手拿著刀具握把。

左手拇指指甲抵著指甲溝，拉出刀片。

捏著刀片並展開。

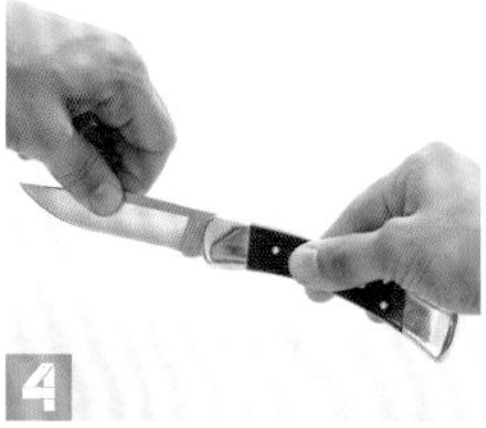
確認刀片是否確實鎖定。

收合刀具時（背鎖式）

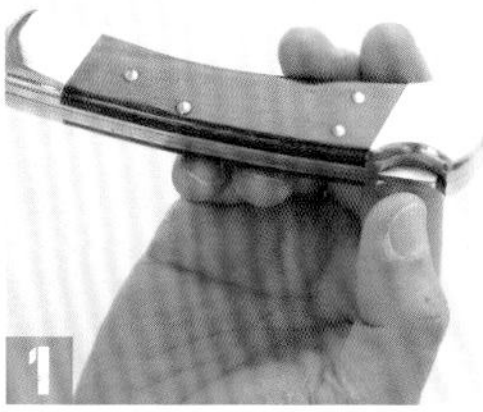
按壓鎖定按鈕。

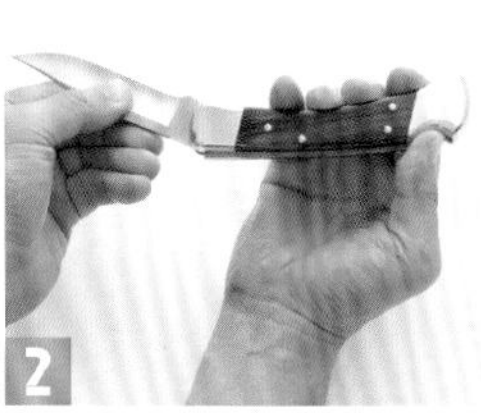
捏著刀片，並解除鎖定

將刀片收合。

收進刀具握把裡。

展開刀具時（使用鰭狀撥桿和拇指柱）

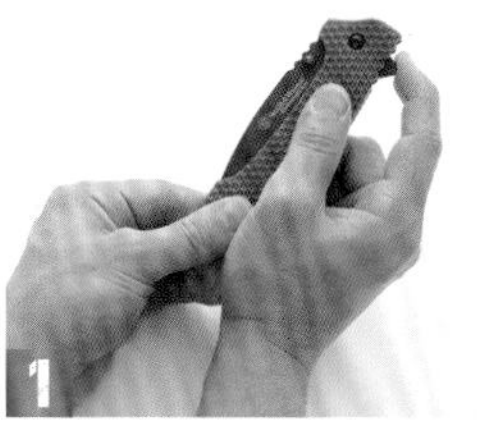
按壓刀具握把背後的鰭狀撥桿。

讓刀片露出。

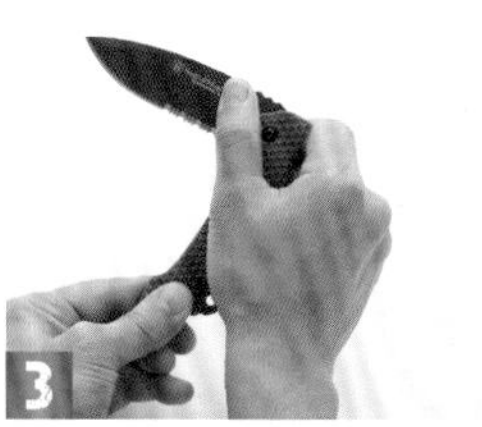
用拇指按壓拇指柱後，展開刀片。

確認是否聽到「咔」的一聲。

收合刀具時（框架鎖定）

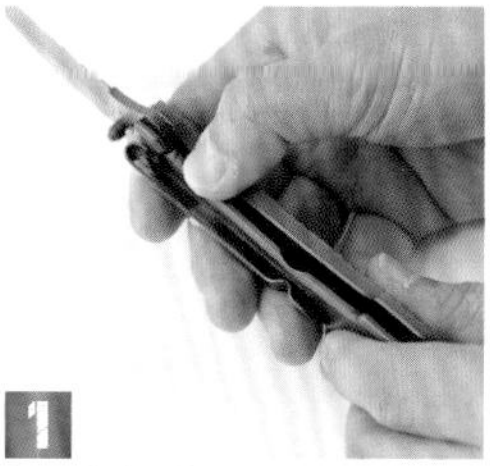
打開鎖定框架。

壓住刀片並解除鎖定。

捏住並收合刀片。

收進刀具握把裡。

刀片的種類

依據用途的不同，
而有各種的刀片形狀

仔細觀察刀具，應該會注意到有各種形狀的刀片。尖銳的、圓弧形的、細長的，這些不同的形狀，不只是設計不同，而是依據用途不同，刀片的形狀也隨之改變。

例如，輪廓線較柔和的「水滴狀刀尖」式刀片。這是知名刀具製造家R.W. Loveless所設計的狩獵用刀片。不過，由於這類刀具的適用範圍越來越廣、越來越實用，也用來做露營用刀、戶外活動用刀等。

給人尖銳印象的「刨削刀尖」式刀片，原本是戰鬥用「波伊刀」的典型設計。後來的野外求生刀，大多也做成刨削刀尖。現今，中、大型的運動用刀，也採用這類刀片形狀。

「實用型刀尖」式刀片則是考量能用於各種用途所設計，中小型刀大多是這類刀片形狀。

「匕首型刀尖」式刀片，是雙面刃刀片。是為了易於突刺而製作，多用於戰鬥中。但在日本不能持有這類刀具。

「小獵刀」，是解剖動物用刀，為了較精細作業用所設計的刀。

「剝皮刀」，是用來剝除動物皮；「片魚刀」是用來料理魚類；「野外求生刀」的形狀，則是為了讓士兵能從敵營生還所設計。

刀片斷面的各種形狀，也有不同的特徵

和刀片形狀一樣，刀片的斷面也有各式各樣的形狀。

筆直的是「平磨」。平磨刀片斷面有一定的強度與重量，大多用在追求實用性的露營用刀、野外求生刀等。

稍微凸出的是「凸磨」。無論刀身或刀刃強度都偏高，也較耐受衝擊。斧頭和日本刀中的「蛤刃」，大多是凸磨刀片斷面。

刀身向內凹進去的是「凹磨」。凹磨刀片斷面的刀刃較輕薄，因此，刀口能做得比較銳利。即使經過研磨，刀刃的角度也不易變形。

僅是單邊有刀刃的是「單面刃」刀片斷面，是種日式刀具，分為右撇子和左撇子用2種。

各種刀片的斷面

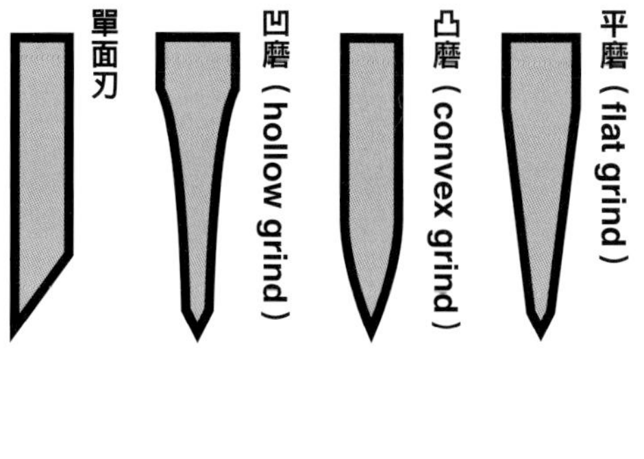

各種刀片的形狀

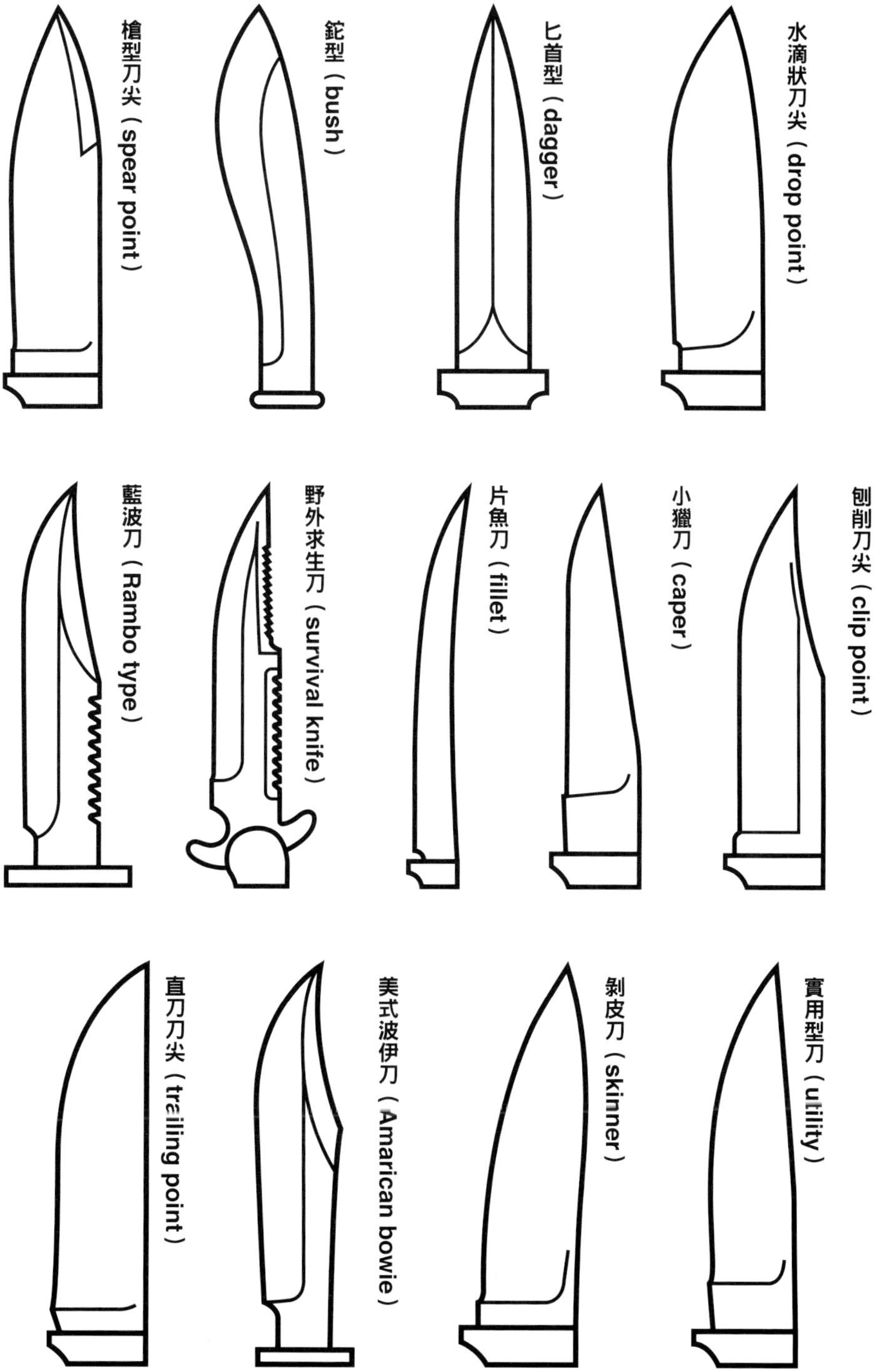
槍型刀尖（spear point）
鉈型（bush）
匕首型（dagger）
水滴狀刀尖（drop point）
藍波刀（Rambo type）
野外求生刀（survival knife）
片魚刀（fillet）
小獵刀（caper）
刨削刀尖（clip point）
直刀刀尖（trailing point）
美式波伊刀（Amarican bowie）
剝皮刀（skinner）
實用型刀（utility）

刀片的鋼材

影響刀片性質的鋼材要素

你覺得刀具的刀片是用什麼製成的呢？多數的人會認為是「鐵」，對吧？

刀具是用「鋼」製成的。

所謂的鋼，是指有0.1～2.1%「碳」含量的鐵。為了讓刀具更加鋒利，就必須讓鐵變得堅硬，而碳裡頭就有讓鐵變堅硬的元素。雖然如此，也不是碳越多就越好。當碳含量超過2.1%，鋼就會變得脆弱易斷。

另外，將鋼加熱到一定溫度以上，再急速冷卻，就會變得非常堅硬，這作業稱為「淬火」。之後再慢慢冷卻，將會變得有彈性，而這則稱為「回火」。在製作刀具時，利用鋼的特性，進行上述的「熱處理」技術，就能達到所需要的硬度。

而表示鋼堅硬程度的指標，稱為「硬度」。表示硬度的方式有許多，普遍採用「C標度洛氏硬度數」。其表示方式為硬度「HRC58」，數字越大，硬度就越高。一般來說，最適合刀具的硬度在HRC58到HRC62左右，超過HRC60，就歸類為硬刀。

再來，除了碳，鐵如果與鉻、錳、磷等各種元素混合，性質也會有所改變。例如，富含鉻的不鏽鋼，就擁有不容易生鏽的性質。因此，不鏽鋼很常被用來作為刀具的鋼材。

隨著各種排列組合，刀具能有各種特性，如刀片的「鋒利度」、表示黏著度的「韌性」、表示耗損程度的「耐磨損性」、表示容不容易生鏽的「耐腐蝕性」。不可能4種特性都很優秀，但是從中取得平衡，這是對刀片的要求之一。另外，哪項特性比較突出，就是這把刀具的特質了。

用於刀片製作的代表性鋼材

那麼，以下就來列舉數個經常用來製作刀具的鋼材。

稱為「碳鋼」的鋼材種類，由於經過熱處理，硬度較高，刀口較鋒利。但是與不鏽鋼相比，碳鋼比較容易生鏽。

碳鋼中具代表性的如「D2」。D2釩含量較高，硬度達HRC60以上，耐磨損性也很高。還有，「1095高碳鋼」，其硬度、鋒利度與耐磨損性也都很高。

稱為「不鏽鋼」的鋼材種類，為了提高硬度，加了較多的碳；而為了不易生鏽，也加了許多的鉻。

不鏽鋼中具代表性的如「440C」。440C硬度較低，容易研磨，較實用；154CM的耐熱性與耐磨損性較高；CV134的硬度與韌性較高；而ATS34則是耐腐蝕性、韌性和耐磨損性都很平均，經常用來製成高級刀具典範。

刀具的各種鋼材（Steel Material）

碳鋼

碳鋼	
1095 高碳鋼	在含碳量較高的高碳鋼中，硬度、銳利度與耐磨損性都偏高。
D2	高耐磨損性的工具鋼材。常用來做鋼模用的鋼材。很適合用來製作在野外嚴峻環境中使用的刀具。
M2	高速電鑽鑽頭所使用的工具鋼。硬度與耐磨損性都較高，能製成刀口鋒利的刀片。雖然容易生鏽，但如果好好保養，就不會有問題。
白紙2號	日立金屬有限公司所製造的高純度高碳鋼。富含高純度的碳，因此硬度較高，刀口鋒利。日本自古以來就常用白紙2號來鍛造刀具。
青紙・青紙SP	在日立金屬有限公司的白紙鋼中，添加鉻與鎢，以改善其熱處理的特性與耐磨損性。而且比白紙鋼還要鋒利，銳利度更持久。多用來製作高級的日式刀具或菜刀。

不鏽鋼

不鏽鋼	
ATS-34	日立金屬有限公司開發了以154CM為基底的刀具用鋼材。為提高耐腐蝕性，鉻含量較高；為提高鋒利度，則碳含量較高。耐腐蝕性、韌性、耐磨損性都很平均，經常用這類鋼材來做刀廠的高級刀具典範。
440C	富含能提高耐腐蝕性的鉻與能提高鋒利度的碳的鋼材中，最具代表性的刀具用鋼材。由美國所開發。過去，常用來做客製刀，現在大多用來做潛水刀或漁刀。
154CM	美國開發的不鏽鋼，是種極高強度的工業用材。多用來製作飛機機翼中的渦輪機葉片。至於作為刀具的鋼材的話，主要是美國刀具製造廠商在使用。
AUS-8	用愛知縣鋼鍛造的刀具用不鏽鋼。雖然碳含量較少，但因為容易研磨又好用，是刀具工廠廣泛使用的人氣鋼材。
銀紙 1 號	日立金屬有限公司開發的特殊不鏽鋼。由於碳含量較多，並添加了鉬，提高了耐腐蝕性。美國GERBER公司生產的世界暢銷系列刀具，就是使用岐阜縣關市所生產的銀紙1號。

具代表性刀具鋼材的成分與特徵

鋼材	化學成分（%）									耐腐蝕	耐磨損	韌性	洛氏硬度（HRC）
	碳	矽氧樹脂	錳	磷	鉻	鎢	釩	鉬	銅				
440C	0.95～1.20	1.00 以下	1.00 以下	0.04 以下	16.00～18.00	—	—	0.75	—	◎	○	○	57～58
D2	1.45～1.65	0.20～0.40	0.30～0.60	0.25 以下	11.00～13.00	—	0.20～0.50	0.80～1.20	—	△	◎	○	60～61
ATS-34	0.95	0.30	—	—	14.00～14.50	—	—	4.00	少量	○	○	○	60～61
154CM	1.05	0.30	0.50	—	14.00～14.50	—	—	4.00	—	○	○	○	60～61
M1	0.80	—	—	—	4.00	1.50	1.00	8.00	—	×	○	△	60～61
CV134	1.95	0.38	0.67	0.024	11.64	0.02	3.36	0.87	—	△	◎	○	61～62
銀紙1號	0.80～0.90	0.35 以下	0.45 以下	0.030 以下	15.00～17.00	—	—	0.30～0.50	—	◎	○	○	57～58

刀具握把與刀莖的種類

傳統式刀具握把與改良式刀具握把

鞘刀握把的形狀主要有2種，即是「傳統式握把（Conventional Handle）」與「改良式握把（Improved Handle）」。

Conventional即是「傳統」的意思。也就是說，從前刀具握把就是這樣的形制。特徵是有個保護手指的「刀柄」，這是為了在遭受攻擊時能夠阻擋，在突刺時也能避免手滑而設置的。

與Conventional相對應的Improved，意思是「改良過的」。而改良式握把沒有刀柄，這是因為當刀具有多樣用途時，有的刀刃朝上、有的刀刃朝下，也有筆狀的刀刃，因此握刀法也各有不同，此時，刀柄就成了阻礙。

綜觀各類刀款，還有一種獨特的刀具握把，那就是折刀的握把。這類刀款必須考量到好拿取、刀刃好收納，以及方便攜帶。因此，看看瑞士刀就知道，不只刀具握把要比刀刃長，還得要能容易放入口袋裡。

隱藏在刀具握把內的刀莖，也有各種樣式

如果要關注鞘刀的握把，也得瞭解刀莖。所謂的刀莖，是指隱藏在刀具握把內的鋼材部分，用來輔助刀具握把材質。日本刀則稱刀莖為中子。

刀莖可以大略分成2類，即是從刀具握把的側面看過去時，「刀具握把與刀莖是相同外形」與「刀莖的外形小於刀具握把」。

前者稱之為「一體式刀莖」。這類刀莖強度是最高的。但重量過重，刀具握把比刀片還要重，容易失衡，這是一體式刀莖的缺點。因此，有另一種刀莖，是在靠近手抓握的部位稍微打薄的「錐形一體式刀莖」。

另一方面，後者的刀莖中，代表的是「窄式刀莖」。比起刀片的寬度，這類刀莖非常細。在刀具握把開個洞，將刀莖插入，再用螺栓固定，或用黏著劑固定即可。強度雖然比不上一體式刀莖，但不用擔心會生鏽。

兩塊刀具握把材料夾住比刀片寬度略窄一點的刀莖，稱為「隱藏式刀莖」。因為不像窄式刀莖那麼的細小，因此不用擔心強度問題，也不容易生鏽，是比較合乎理想的刀莖。

另外，削去一體式刀莖下半部的刀莖，稱為「半尾刀莖」。主要是為了解決重量與生鏽的問題，但是，相較之下，隱藏式刀莖還是比較占優勢。

其他也有像是中間鏤空的框架式構造；不使用刀具握把材質，而是純粹金屬骨架式的刀具握把等種類。

鞘刀握把的種類

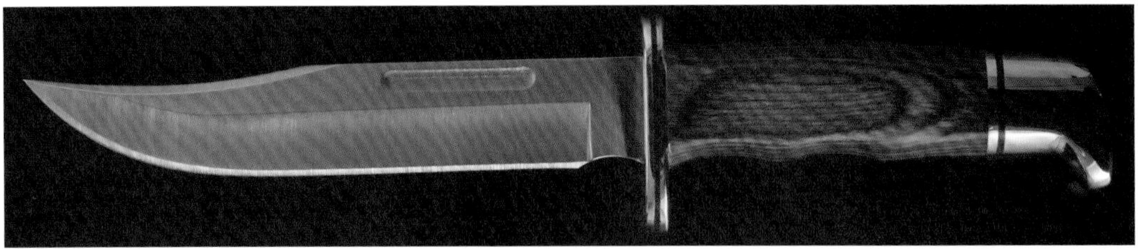

傳統式刀具握把

改良式刀具握把

刀莖的種類

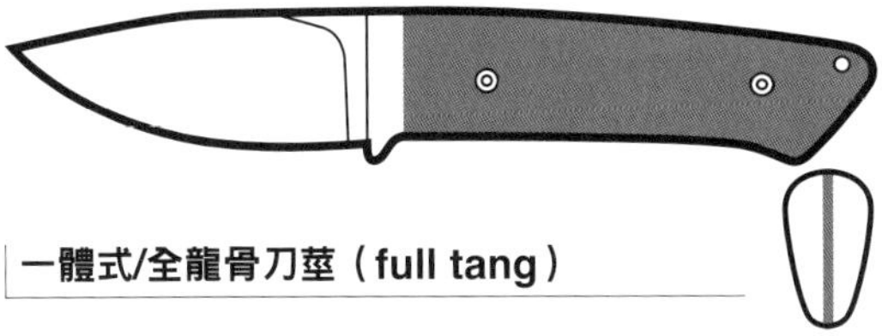

一體式/全龍骨刀莖（full tang）

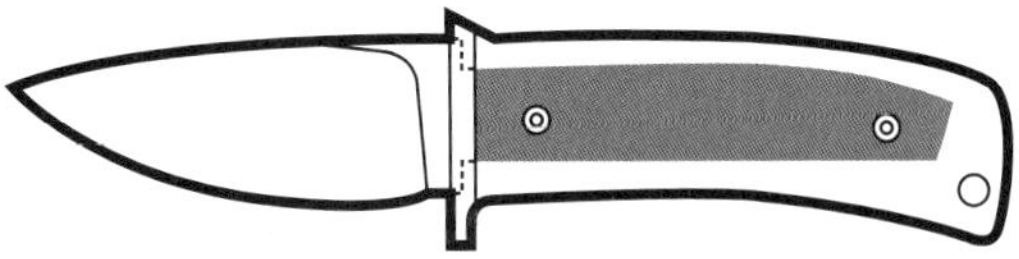

隱藏式刀莖（concealed tang）

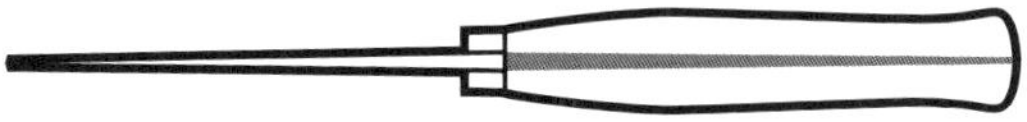

錐形一體式刀莖（full tapered tang）

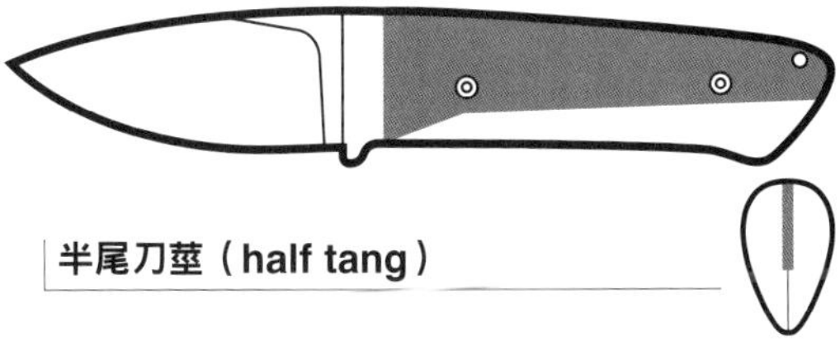

半尾刀莖（half tang）

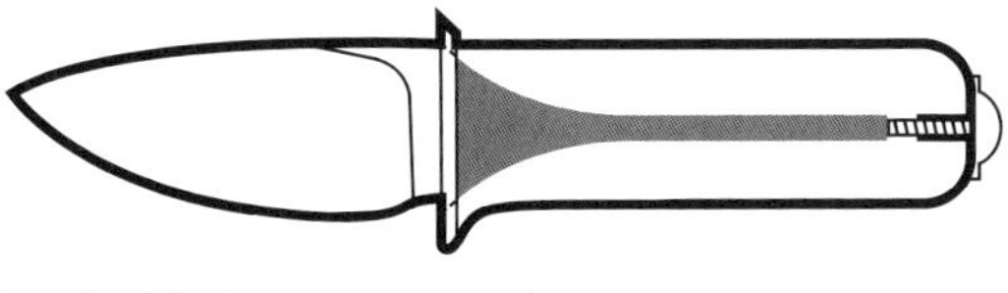

窄式刀莖（narrow tang）

骨架式（skeleton）
的刀具握把

刀具握把的材質

受歡迎的天然材質，如木頭、鹿角等

刀具握把的材質大略可分成2種，即是「天然材質」與「人工材質」。天然材質有木頭，以及動物的骨頭、角、牙齒，或是貝殼、皮革等。人工材質則有塑膠、金屬或米卡塔（Micarta）等。

天然材質的共通要素在於，自然形成的美麗、優雅、手感、不膩人的親近感等特色。

另一方面，天然材質的缺點是，容易受濕氣、鹽分、日光、油脂與酸蝕的影響。而且依據取材的不同，也有非常高價位的材質。

天然材質中最常使用的，就是木頭和鹿角吧。

而木材當中最常採用的，就屬黑檀木、薔薇木、槭木等。這些木材美觀且手感佳，很受歡迎。

木頭有易受濕度影響的缺點，但是比較堅固，越使用越會透出獨特的色澤和韻味。

Stag horn是雄鹿的角。

製刀用的鹿角，大多是印度產的成年雄性水鹿角。由於鹿角表面的紋路不會有兩隻一模一樣的，因此別具特色，止滑效果也很好。硬度與適當的柔軟度兼備，很容易加工處理。鹿角會因為濕度和溫度的不同而有些伸縮，因此，幾乎不會有裂縫。和木頭一樣，自古以來就很常用來當刀具握把的材質。

用牛骨製成的偽鹿角，表面紋路也很美、很堅固。貝殼則用來做刀具握把的裝飾，由於原本就是海中的物質，很能對抗濕氣。而皮革切割成圓形，多片重疊使用，握起來的手感則很好。

人工材質大多是用米卡塔或塑膠

人工材質中最常用來做刀具握把的是米卡塔。這是種將布料或紙板等切成薄片，並多張重疊後，再用樹脂加壓成型的複合材料。當初是為了要做絕緣板而開發的材質。

紙張米卡塔研磨後，會呈現出透明感，而選擇不同的紙張，也會做出不同色彩的米卡塔。木製米卡塔近似天然的木頭，越研磨色澤越鮮豔，切成弧面或斜面，還可以看到層疊的木頭紋理。布料重疊而成的亞麻米卡塔，依據所選擇的布料不同，也會顯現不同的樣貌。由於亞麻米卡塔是米卡塔中最堅固的，最常用來製成實用型刀具的握把。

塑膠有高度防水性、耐腐蝕性，漁刀或潛水刀等運動型刀，常用塑膠來做刀具握把。主要是以耐衝擊性較高的ABS樹脂，或是宇宙開發產業中研發出來的Zytel（一種熱塑性塑膠）來製作。

金屬材質的話，耐腐蝕的不鏽鋼、輕巧堅固的鋁，或是雕刻後實用又美觀的黃銅，都有人用來製成刀具握把。

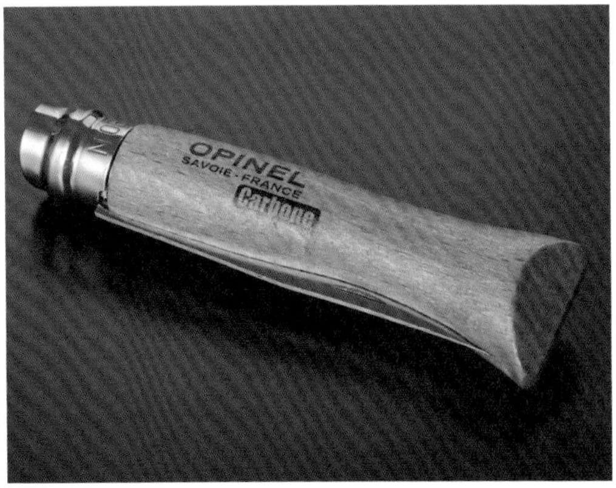

OPINEL公司的木製刀具握把。

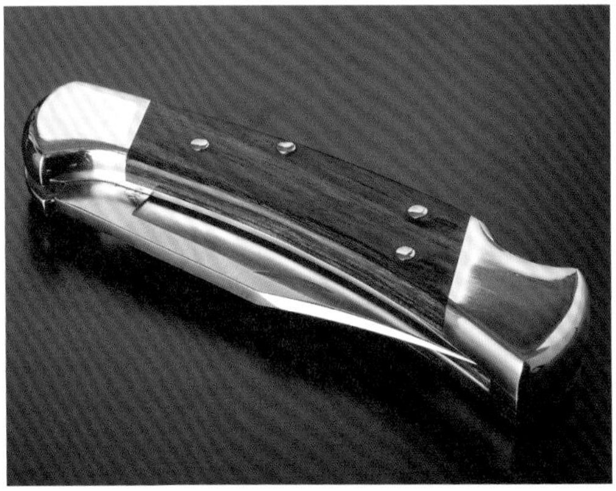

BUCK公司獵人折刀的握把，材質是木頭與黃銅。

遵循傳統的KA-BAR公司，特色是皮革（leather）製的刀具握把。

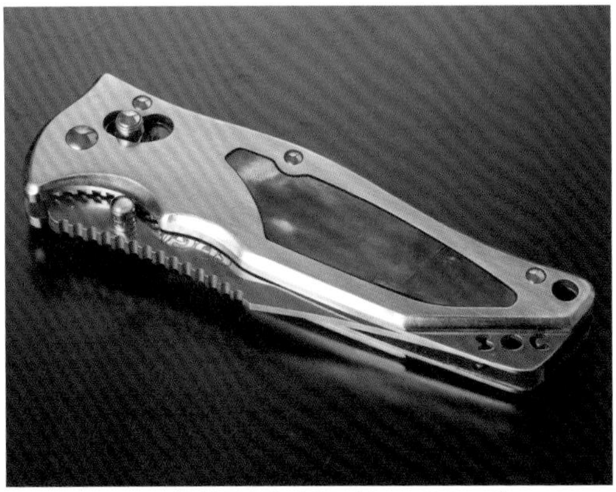

SOG公司的鑲貝握把折刀（STINGRAY），是款使用珍珠貝的美麗刀具握把。

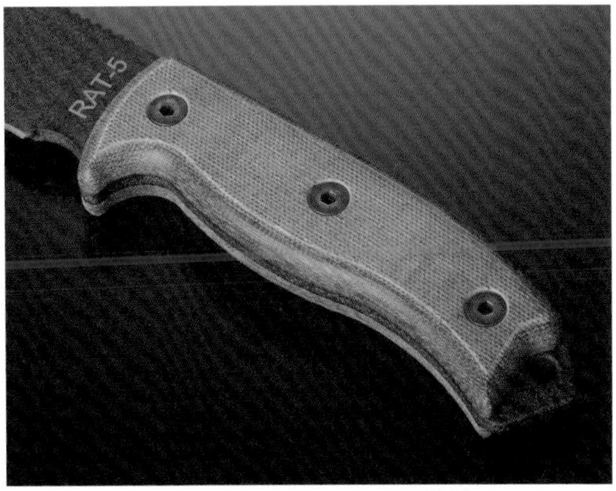

ONTARIO公司RAT-5刀具握把的材質是亞麻米卡塔。

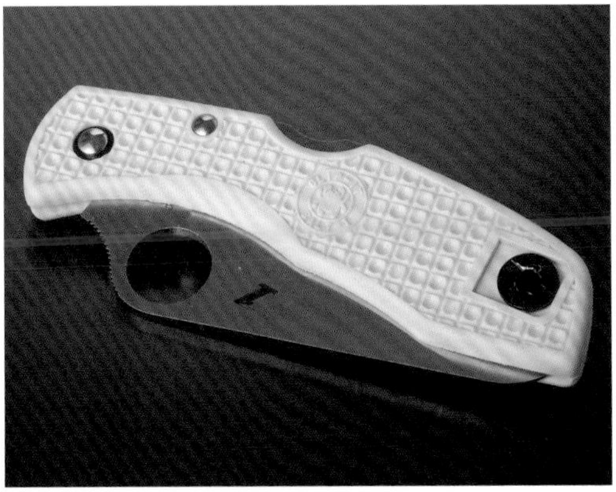

SPYDERCO公司這款能抵抗鹽水的海人水中折刀，是款Zytel的刀具握把。

刀鞘的種類

名廠刀具經常使用的
保護皮套（Safety Strap）樣式

鞘刀的刀片總是暴露在外，如果置之不理會很危險，因此要放在稱為「刀鞘」的袋子裡，再帶出門。

刀鞘的種類大致可以分成2類，即是「保護皮套」與「美式袋囊」。在此主要介紹容易入手的名廠刀具常在使用的保護皮套。

在刀具入鞘後，保護皮套附有條固定用的皮帶，其作用不只可以防止刀具遺失，最大的目的就是為了避免刀具在刀鞘中搖晃不穩，以提高安全性。

保護皮套的皮帶有分為固定刀具握把式、固定刀柄式與完整包覆刀具握把式3種。完整包覆刀具握把式的稱為封口袋（flap pouch），也可以用來收納刀片收合狀態下的折刀。

刀鞘的材質有皮革、尼龍、塑膠和金屬等。但是若再加上安全性、操作性、加工性與重量等條件，皮革較優於其他材質。幾乎所有野外用刀的刀鞘都是牛皮製成。

保護皮套式的刀鞘，雖然可以牢牢固定刀具，但缺點就是，要使用時還得多一個解開皮帶的動作。因此，不適合要快速拔刀的野外使用。

美式袋囊就解決了這項問題。簡單來說，就是製作成完整包覆且貼合刀具的刀鞘。由於沒有皮帶，可以用力拔刀出來，而且因為貼合刀身的設計，不怕掉落。

為了要符合每把刀的形狀，就必須手工製作，所以價格偏高的客製刀刀鞘，多是美式袋囊。在此，就簡單介紹到這。

封口袋。因為可以完全包覆刀具，安全性較高。

用皮帶固定刀具握把的刀鞘。

PART 2

軍用／警用／救援用

本章節要登場的是「戰術用刀」。這是實用型刀具的一種，與其稱之為「武器」，不如說是為了「跨越極度艱困環境」而生的工具。特種部隊、警察、巡邏隊、救援活動都在使用，並與硬刀、手電筒、切繩器與野外求生器具等緊急處理用工具，擺在一起使用。

「美軍認可的軍用刀製造廠商」

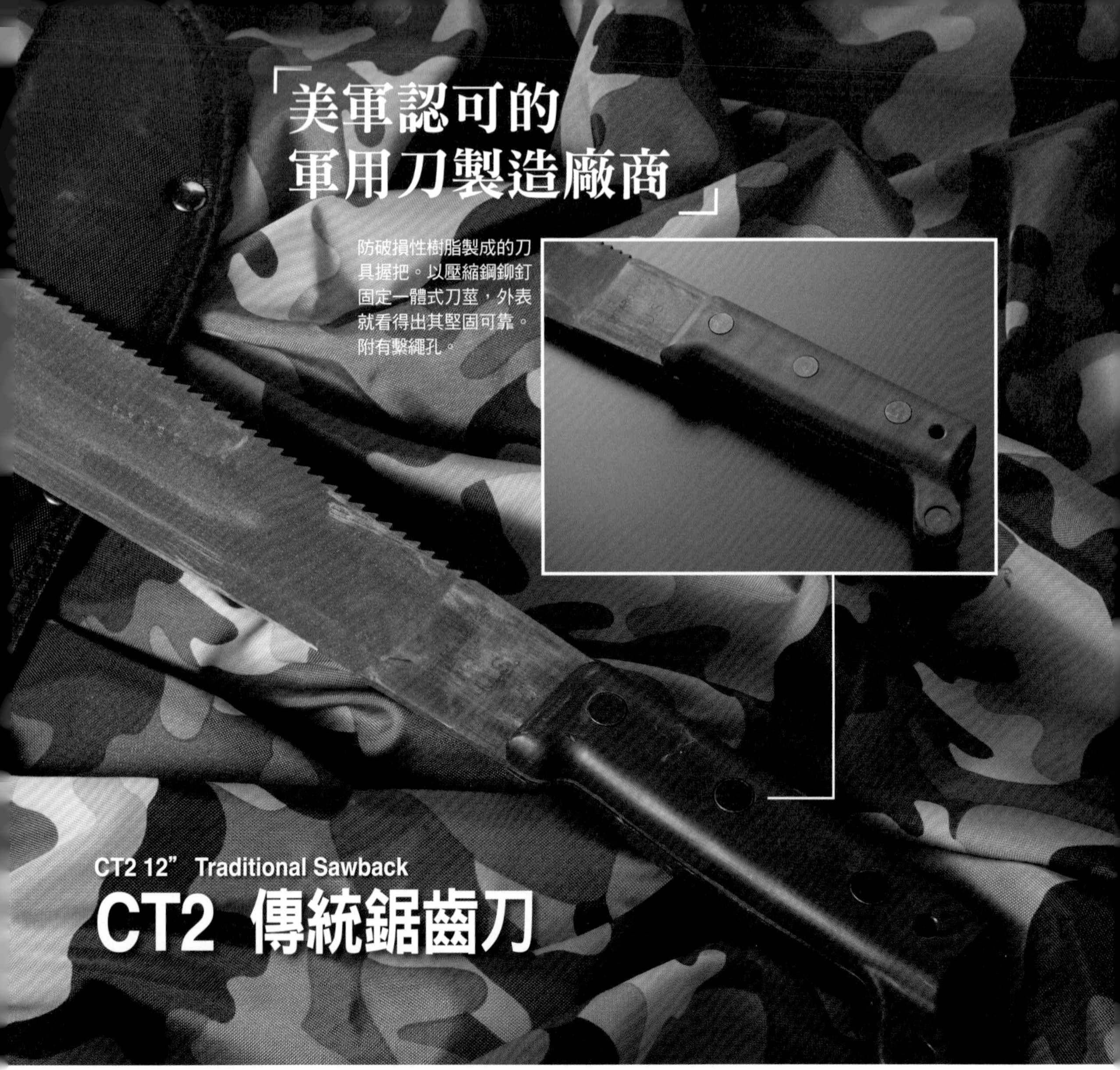

防破損性樹脂製成的刀具握把。以壓縮鋼鉚釘固定一體式刀莖，外表就看得出其堅固可靠。附有繫繩孔。

CT2 12” Traditional Sawback

CT2 傳統鋸齒刀

ONTARIO

美國

提到ONTARIO，就想到美軍。他們根據美國政府規格生產，即使在越南密林深處也能突破重圍的開山刀（Machete），已經有60年以上。是活躍於戶外的「剛之者」。

和柴刀一樣，砍斷小樹枝或樹藤

美軍和美國政府機關最常合作的，就是ONTARIO刀具公司，其歷史相當悠久。

追溯ONTARIO的起源，是在1889年紐約的那不勒斯（Naples）。由於那不勒斯在安大略縣（Ontario County）境內，之後公司就

ONTARIO

刀鞘是「BSH 12" Sheath-Black」。附有尼龍製的皮環。黑色，重量較輕，具機能性。

刀片的長度為12.5英寸（約32cm），若含刀具握把的部分就達18英寸（約46cm）。碳鋼雖然有容易生鏽的缺點，但以磷酸鋅（Zinc Phosphte）處理刀身，可防鏽。刀片的斷面經平磨處理，厚度約3公釐，因此厚實又堅固。

用小指抵在刀具握把上的指環，再向上拉開後，拔刀時就不會滑手。

以「ONTARIO」來命名。早期在手工刀廠使用水力磨床製刀，並以手推車在街上叫賣。

招牌商品是「CT2」。是把根據美國政府規格持續生產60年以上的「開山刀」。

原本，開山刀是指中南美洲甘蔗田中使用的農林業用刀。CT2的刀片是用1095高碳鋼製成，是種鋒利又耐磨損的碳鋼。

和柴刀一樣，適合砍斷小樹枝或樹藤，是活躍於戶外的「剛之者」。

「無論怎麼操都很耐用的強韌度」

刀片長度為5英寸（約12.7cm）。帶顆粒的粗糙刀片表面，是經過粉體塗裝的處理。

簡單且穩固的護手鈎，可保護手指。刀頸上閃爍著「RAT-5」銘刻的光芒。

RAT-5

RAT-5 高碳鋼突擊刀

可說是無論怎麼操都很耐用的理想隨身攜帶型（EDC，Every Day Carrying）刀具。堅固的米卡塔夾著1095高碳鋼的刀片，是很強韌的結構。無論在工作場所或露營地，都是很可靠的一把刀。

刀背上有刻花方格。

握把後端可當作擊破裝置（window crusher）來使用。

刀鞘的材質是尼龍和Kydex（譯註：一種熱塑性合成樹脂。常用於製作槍套與刀套，質感很好，製作容易，防水且耐腐蝕。），適合美國特種部隊所採用的MOLLE SYSTEM。

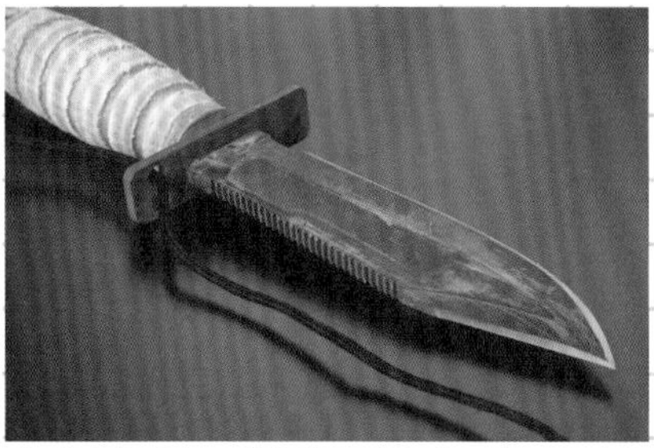

護手上有開2個孔，若將此刀固定在棒子上，可以當作鎗或魚叉來使用。

握把根部是鋼鐵製，可當鎚頭來使用。

499 Air Force Survival

499 空軍野外求生刀

美國空軍、陸軍持續在使用的499空軍野外求生刀。所有野外求生刀的指標性特質，這把刀都有。這把堅固的美國製刀，適用於野外的各種情況。

刀片長度為5英寸（約12.7cm）。1095高碳鋼製，並經磷酸鋅處理來防鏽。

刀具握把是皮革製，深刻的溝紋衍伸出強大的抓握感。

「野外求生刀的王者」

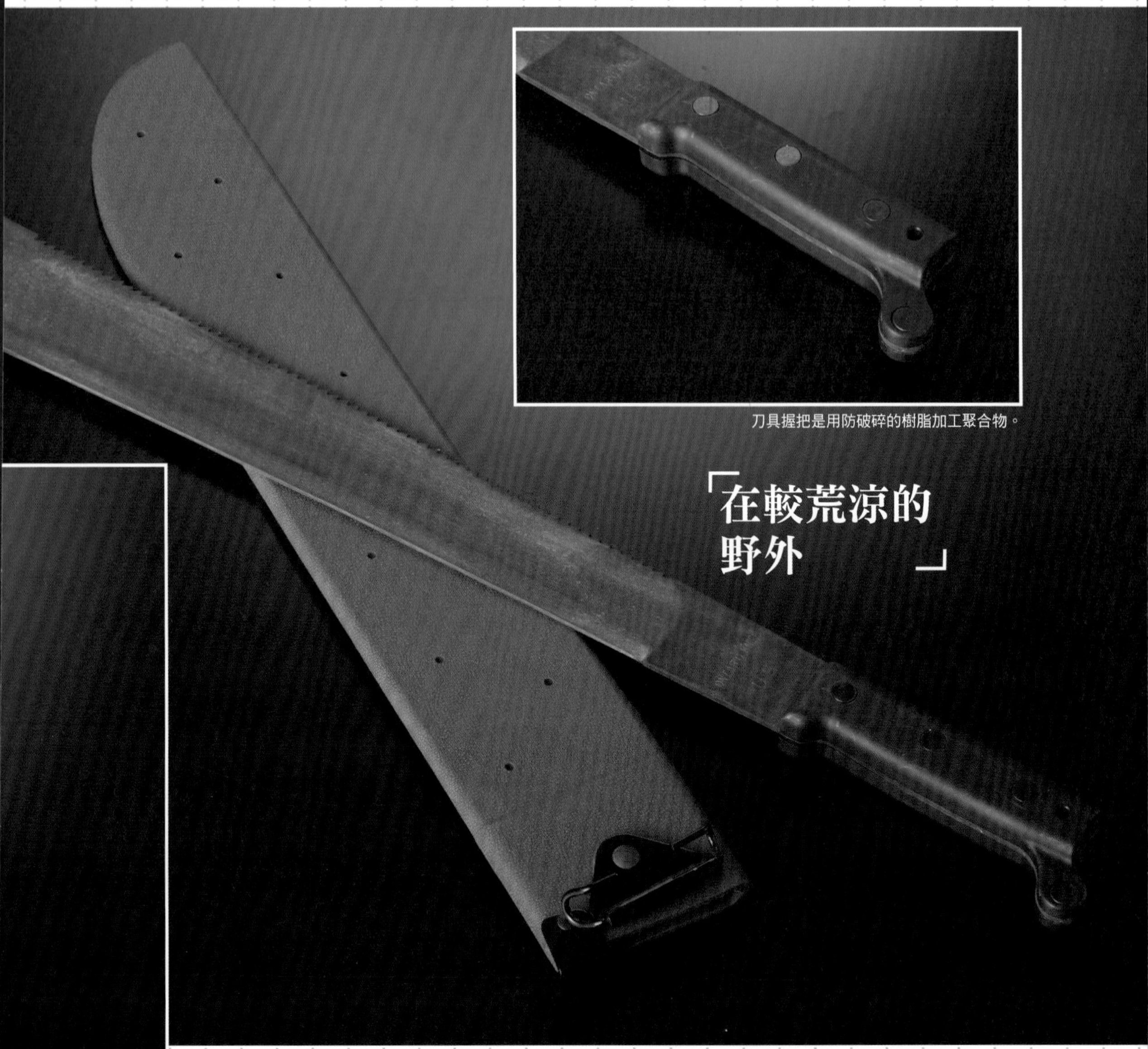

刀具握把是用防破碎的樹脂加工聚合物。

「在較荒涼的野外」

刀片長度為18英寸（約46cm），比CT2長6英寸。由於是約600公克的重量級，破壞力更甚。

1-18 SBK Machete-Sawback

1-18 SBK 鋸齒開山刀

形狀和1-18軍用開山刀相同，但刀背是鋸齒狀的刀刃。要選擇哪款刀，依個人喜好，不過如果是在較荒涼野外，這種刀具在艱難行動中比較派得上用場。

一般刀刃難以割斷的樹皮或樹藤纖維，也能「喀嚓喀嚓」地將它一刀兩斷。

1-18 Military Machete
1-18 軍用開山刀

和CT2一樣，美軍一直選用1-18軍用開山刀，長達60年以上的時間。這款刀的設計從未改變，一直保持著受士兵們信賴的高品質。

「不變的高品質」

刀片是1095高碳鋼製，並經磷酸鋅處理來防鏽。

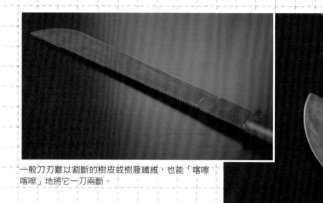

SMITH & WESSON

美國

槍械製造廠商——SMITH＆WESSON公司，
活化其技術所製作的刀具，
有值得美國公家機關採用與讚賞的極高性能。

特種部隊選用的典型刀款

知名的槍械製造廠商SMITH＆WESSON公司，由於製作獵槍的關係，自1974年也開始生產狩獵刀具。曾一度中斷生產，但因應支持者的期待，近幾年又再度生產。從美國警察開始，美國的公家機關幾乎都採用SMITH＆WESSON公司技術精湛的製品。

從戰術折刀到口袋折刀，

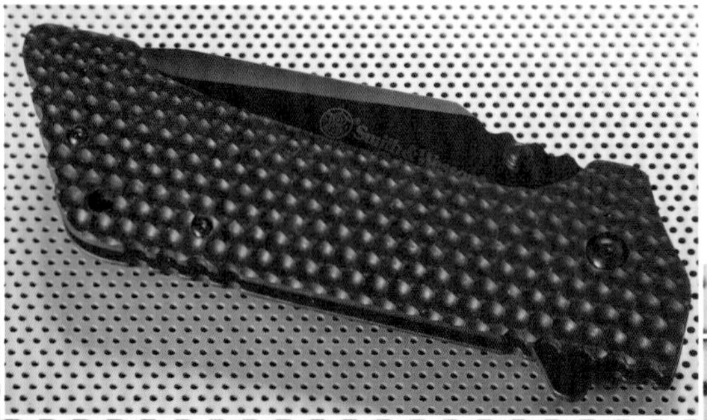

刀具握把的材質採用輕巧且耐撞擊的複合材料G-10。刀片收合時，按壓鰭狀撥桿和拇指柱，單手就可以快速展開。

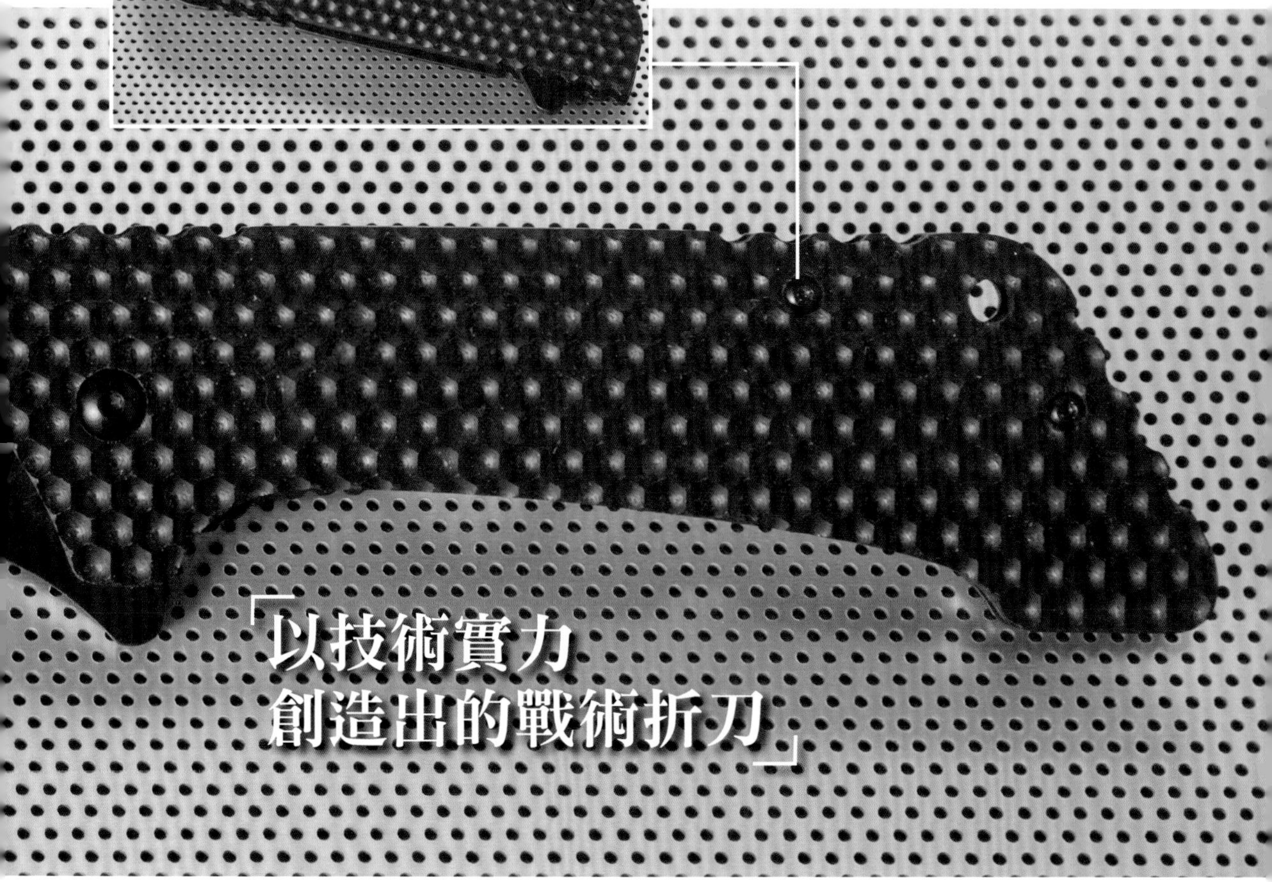

「以技術實力創造出的戰術折刀」

廣泛集結這些刀具菁華的，就是「EXTREME OPS」系列。「EXTREME＝極限狀態」不只刀如其名，也有特種部隊選用的典型刀款。

可以作為較大型戰術用刀的典型刀款，就是這把CKG21BTS。堅固的框架鎖定（frame lock）裝置，很耐用，值得信賴。

背面可以看到，牢牢支撐刀片的不鏽鋼框架鎖定的制動裝置。為了攜帶方便而別在上頭的迴紋夾，可以拆卸。

CKG21BTS EXTREME OPS FOLDING KNIFE
CKG21BTS 戰術折刀

刀片是半鋸齒的，長度為3.9英寸（約10cm）。材質是7Cr17的高碳不鏽鋼。刀片表面經黑色鈦合金處理，以提高耐久性。右上角可見的突起處，就是展開刀片時要按壓的拇指柱。

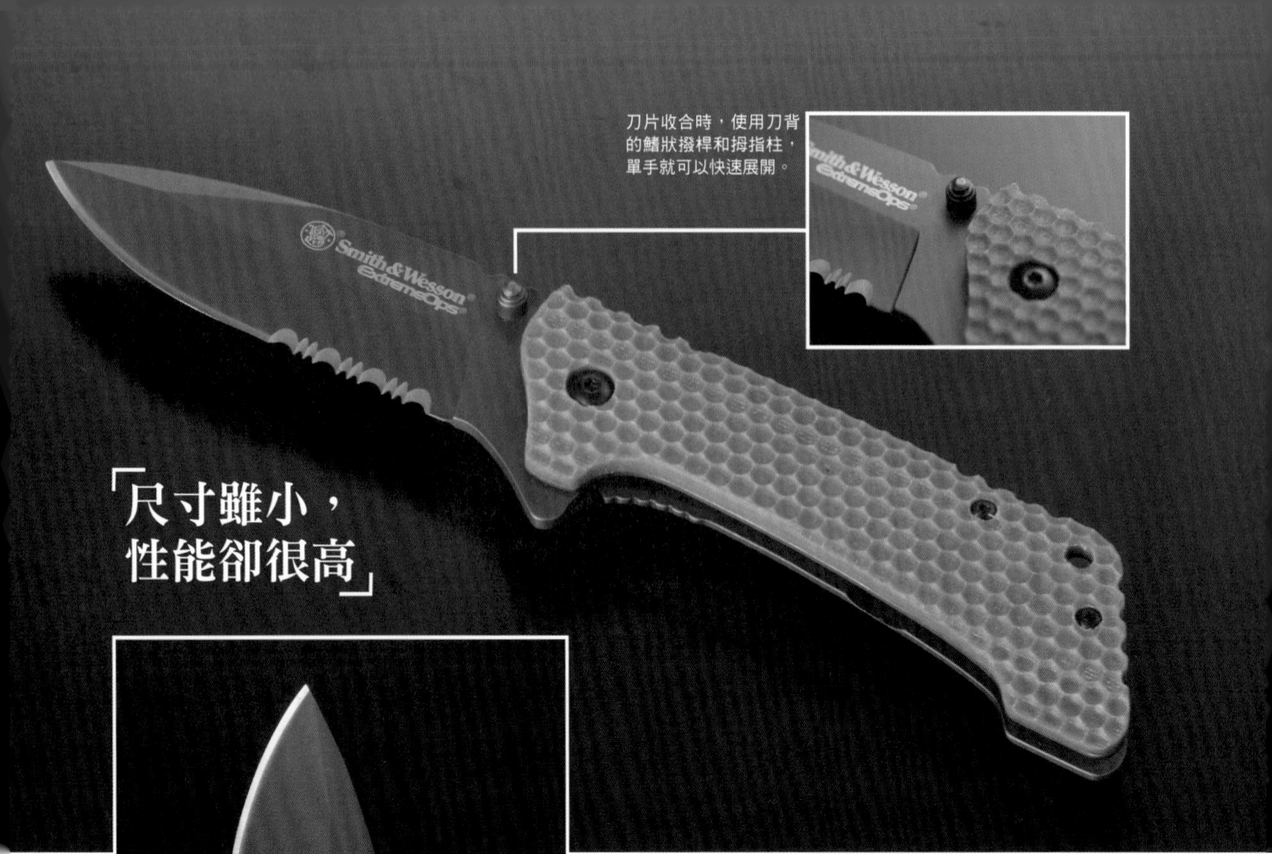

刀片收合時，使用刀背的鰭狀撥桿和拇指柱，單手就可以快速展開。

「尺寸雖小，性能卻很高」

刀片長度為3.2英寸（約8cm）。經黑色鈦合金處理的高碳不鏽鋼材質。

CKG20BRS 40% SERRATED BLADE EXTREME OPS FOLDING KNIFE

CKG20BRS 四成鋸齒刀刃的戰術折刀

比CKG21BTS還小一號的典型刀款就是CKG20BRS。CKG21BTS的刀片長度為3.9英寸，這款刀則是3.2英寸。雖然比較小，但是使用的鋼材、材質都一樣，所以也很耐用。

刀具握把的表面材質，是蜂巢紋路的複合材料G-10。輕巧卻很堅固。

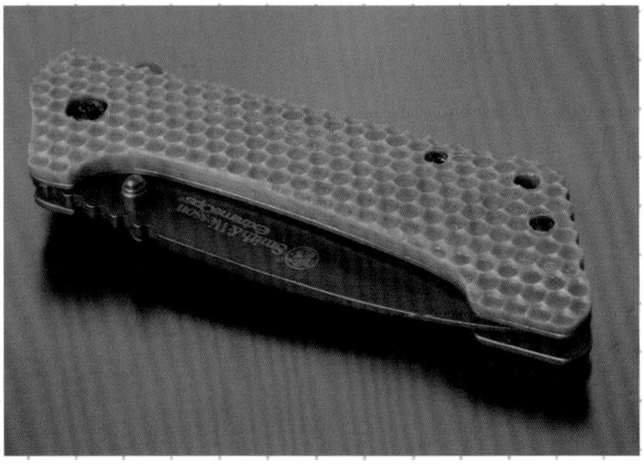

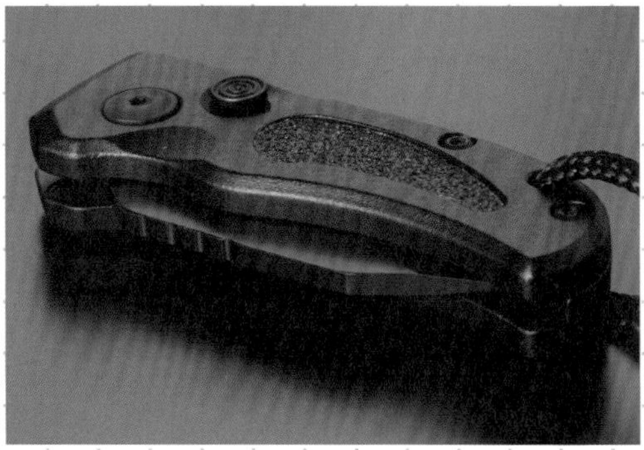

按壓按鈕，即可開合。為避免刀片一不留神就展開，附有安全鎖定裝置。

刀具握把是鋁合金材質，並附有繫繩。

SW60B MINI EXTREME OPS AUTOMATIC KNIFE
SW60B 迷你戰術彈簧刀

小巧可愛的戰術折刀就是這款。刀片折疊後，大概只有成人手掌的大小。在房間裡放上一把，作為拆信刀或口袋折刀，都很合適，屬於隨身攜帶型（EDC）刀款。

刀片長度為1.8英寸（約4.6cm）。440不鏽鋼材質，並以聚四氟乙烯（PTFE）處理刀身。

全長4.9英寸（約12.3cm）。

「SMITH & WESSON 公司的口袋折刀」

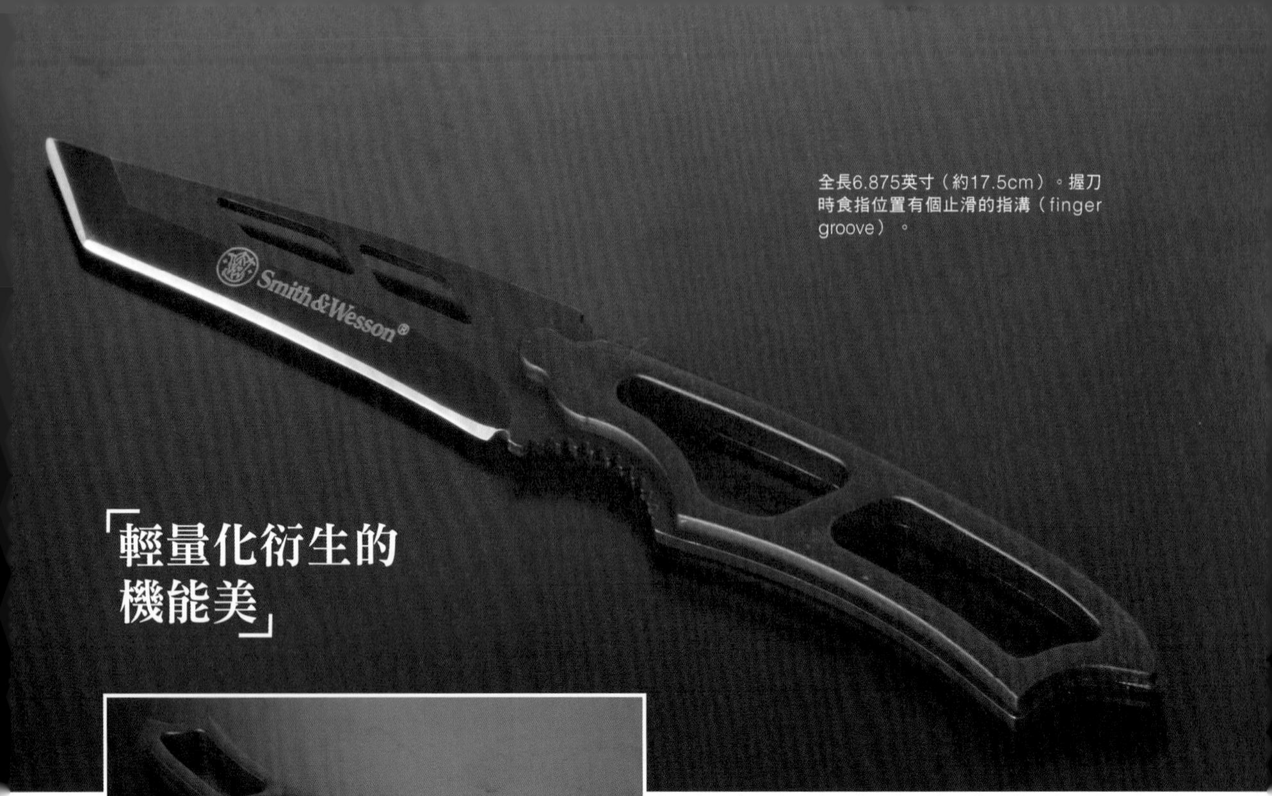

全長6.875英寸（約17.5cm）。握刀時食指位置有個止滑的指溝（finger groove）。

「輕量化衍生的機能美」

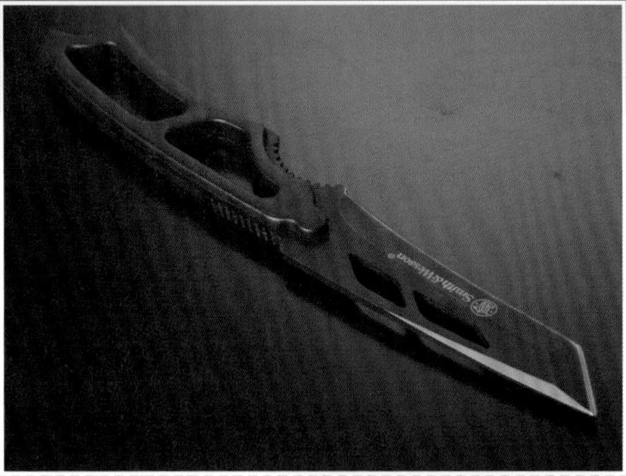

刀片長度為3英寸（約7.6cm）。握刀時拇指位置有個止滑的刻紋。

SW990TA Neck Knife

SW990TA 頸刀

形制雖小，卻是把很實用的直刀。在Kydex刀鞘繫上繩子後，就可以當作項鍊，到野外時，無論何時都可以隨手取得。

使用的鋼材是不鏽鋼。為了減輕重量，而將握把內側挖空。

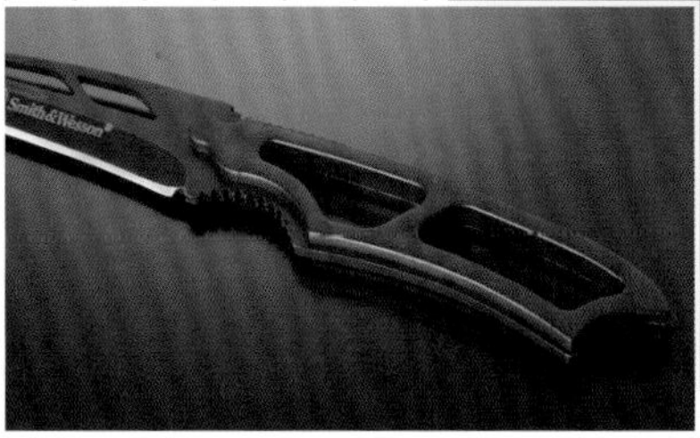

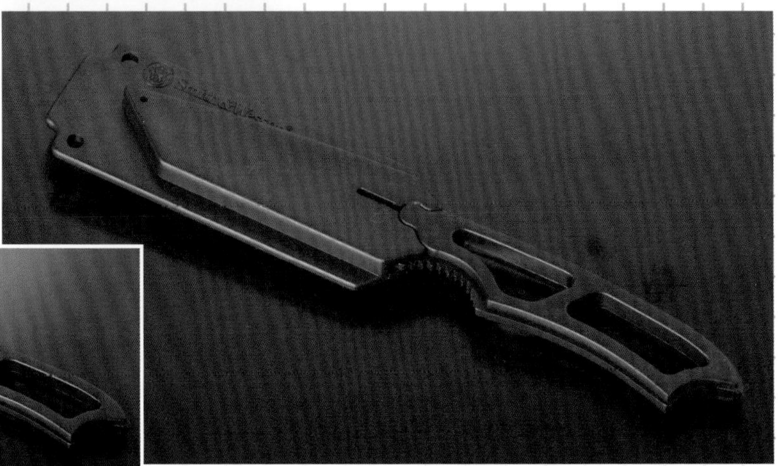

刀鞘上開了2個繫繩孔，也附有求救用的哨子。

SMITH & WESSON

CKSURC
HOMELAND SECURITY KNIFE CAMO
CKSURC 保衛家園迷彩刀

這是SMITH＆WESSON公司的大型野外求生刀。就像是S.W.A.T.狙擊隊打破玻璃，潛入建築物時拿的很有魄力的直刀。刀刃厚度高達7公釐，握把也相當重。

刀片長度為8英寸（約20cm）的440C不鏽鋼。迷彩刀身是以鈦合金粉體塗裝處理。

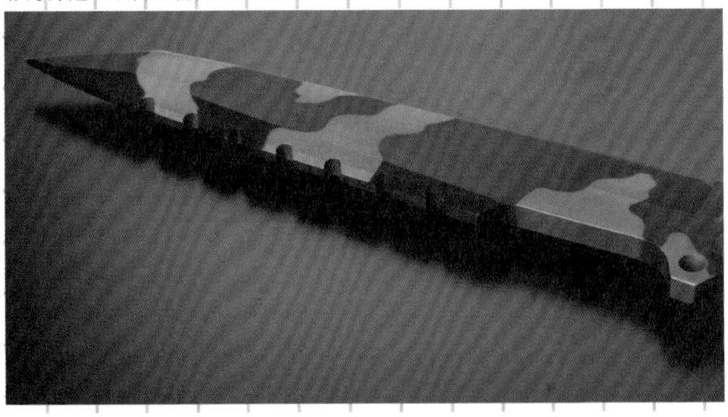

刀具握把的材質是輕巧但堅固的黑色G-10。

交叉狀的護手能好好保護手指。蝕刻在刀頸上的品牌標誌，相當有型。

「大型野外求生刀的魄力」

刀具全長為13.75英寸（約35cm）。尼龍刀鞘裡附有陶瓷與人工鑽石材質的磨刀石。

「其他公司無法比擬的高科技刀廠」

關於安全帶切割器（seatbelt cutter）

這是個救援鉤（safety cutter）。當要從車內逃脫時，這個就可以用來當安全帶切割器。割裂襯衫或靴子也很好用。440C不鏽鋼的鋼材製。

BENCHMADE

美國

「這不只是一把刀，這是BENCHMADE的刀。」
BENCHMADE的標語就是這一句。
卓越的性能與精良的設計，
無與倫比的刀具就此誕生。

刻畫歷史的蝴蝶標誌，帶來了衝擊

BENCHMADE刀廠無與倫比的刀具，是高科技技術雷射切割機（Laser-cutter）的卓越性能，以及客製化的刀具製造，所共同合作的結果，同時還擁有很高的設計性。

這樣的高性能，美軍的特

刀具握把是用經刻紋處理的G-10材質，不易滑手。鎖定刀片的裝置，是該公司取得專利的AXIS鎖定系統。就是用左上較粗的鎖栓來牢牢固定刀片。

915-ORG TRIAGE ORANGE

915-ORG 三合一橘握把救援刀

切割安全帶

被安全帶綁住，逃不出去！這個時候，拉出救援鉤，勾在安全帶上並往下拉，就可以輕鬆割斷。可惜的是，在日本由於受限於持有槍砲刀劍類等將取締的法令，這類刀不能常備在車上。

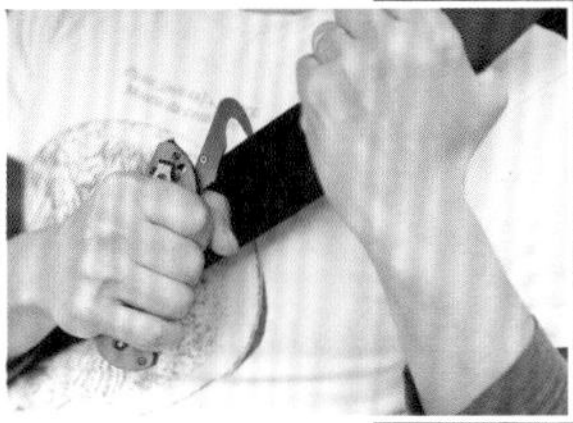

割開車窗玻璃

只要集中撞擊車窗玻璃的某一點，就能敲裂。但前擋風玻璃就不是那麼容易能敲裂的了。

關於窗戶擊破器（window crusher）

這是個玻璃擊碎器（glass breaker）。當要從車內逃脫時，這個就可以用來當窗戶擊破器。而拿在手上做為刀具使用時，有考量到尺寸大小不會變成阻礙的問題。

種部隊與警官都視為珍寶，刀具專家們也給予極高評價。

原本，只是在美國奧勒岡州（OREGON）製作客製化的蝴蝶刀。但這個刻畫歷史的蝴蝶標誌，以自己的優勢，帶來了新的衝擊。

這把915，是把為緊急逃脫、救援所設計的刀具。是把集結救援刀、安全鈎與玻璃擊碎器三合一的刀。2011年，這把刀在美國國內獲得了許多獎項，可說是該公司的招牌產品。

只要按壓拇指柱，無論是左手還是右手，都能單手展開刀片。

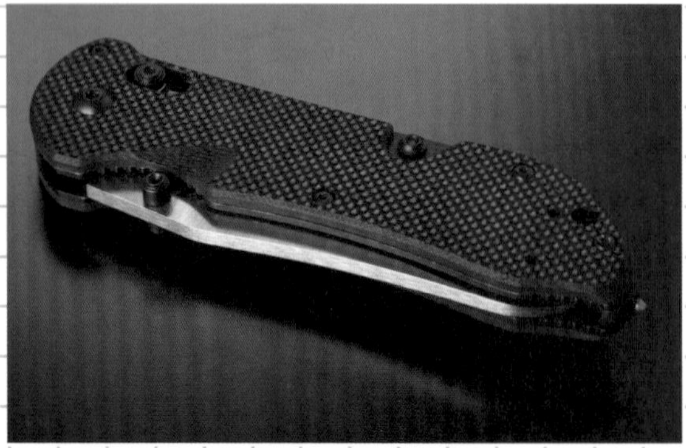

915S
TRIAGE BLACK

915S
三合一黑握把救援刀

相對於平刃的915，這把刀有一半的鋸齒刃，是雙功能刀片。黑色刻紋G-10的握把，給人一種結實有力的感覺。

很適合作為隨身攜帶的實用型刀具使用。

略圓的羊蹄形刀尖式刀片，也可當抹刀使用。材質是3.5英寸（約8.9cm）耐腐蝕性的N680不鏽鋼。

救援鉤是440C不鏽鋼材質。按壓拇指柱就能展開。

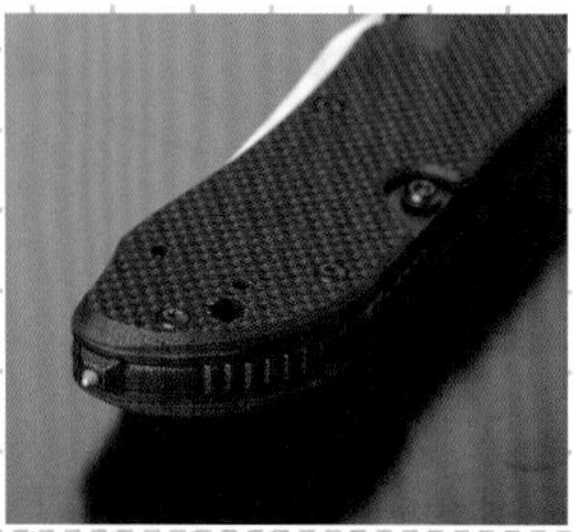

刀具握把的後端附有玻璃擊破器。

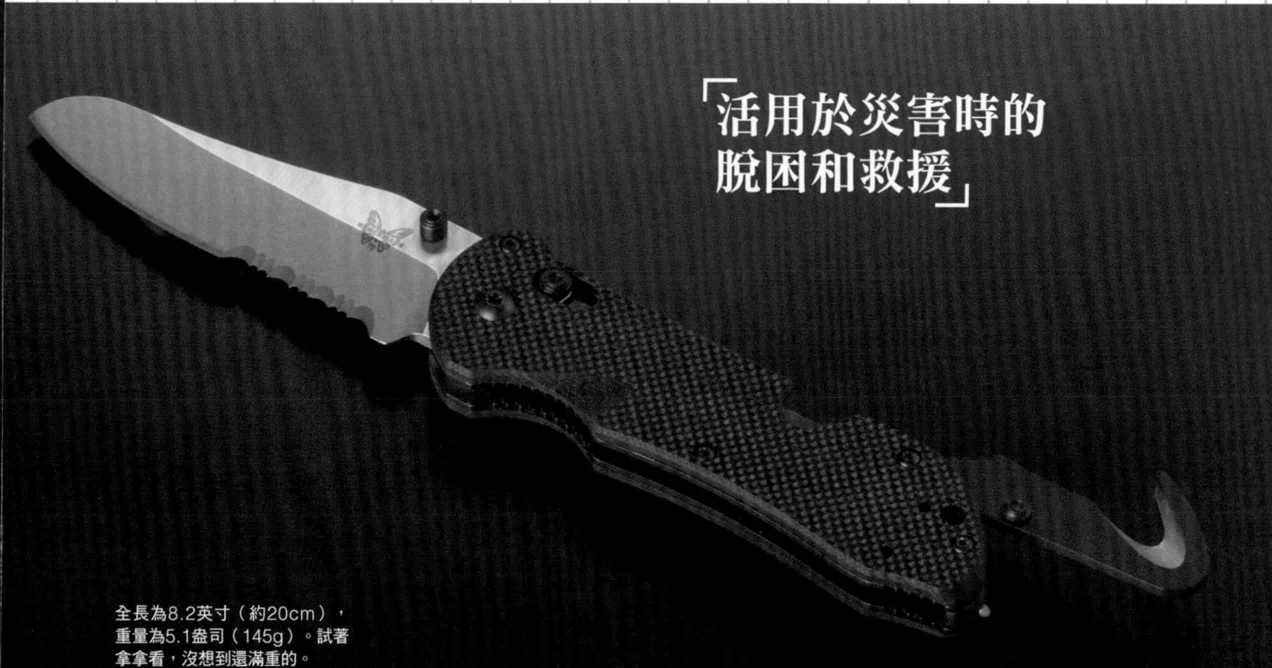

「活用於災害時的脫困和救援」

全長為8.2英寸（約20cm），重量為5.1盎司（145g）。試著拿拿看，沒想到還滿重的。

160BT

160 BT繫繩刀

這把刀的特徵是小巧可愛的設計。在刀鞘穿上繩子就可以當作項鍊。尺寸大小既實用又不占空間，隨身攜帶的另一種刀款，就是這把了。執行設計為Allen Elishewitz。

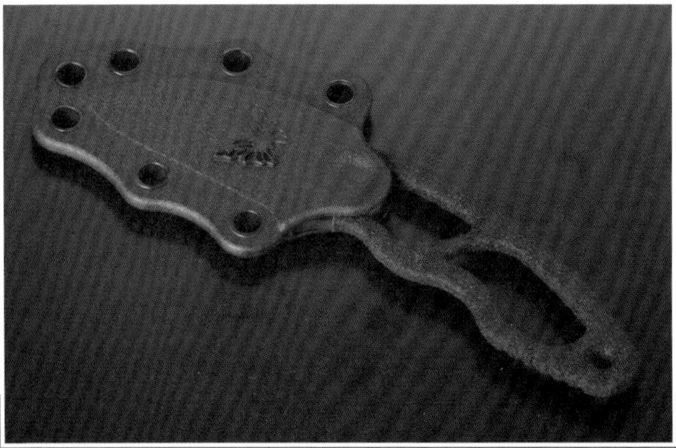

人們熟悉的蝴蝶標誌，驚鴻一瞥，就會被吸引。

全長為5.75英寸（約14.6cm），重量為1.5盎司（42g）。拿起來感覺很輕盈。

「BENCHMADE 刀廠的特色刀款」

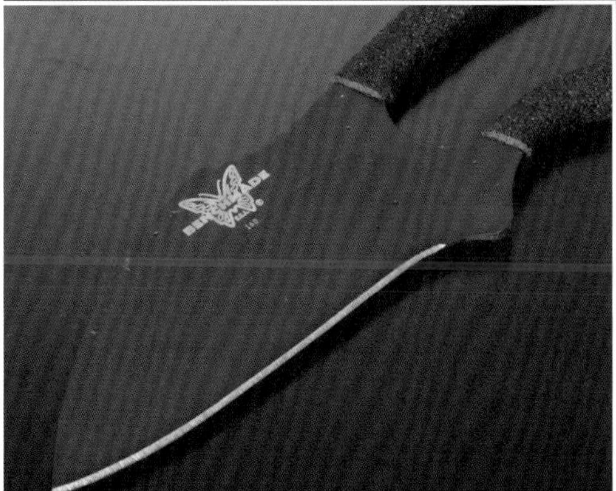

刀片長度為2英寸（約5cm），材質為440C不鏽鋼，厚度大約0.3mm。

刀背和握把的後頭部分，有止滑的刻紋。

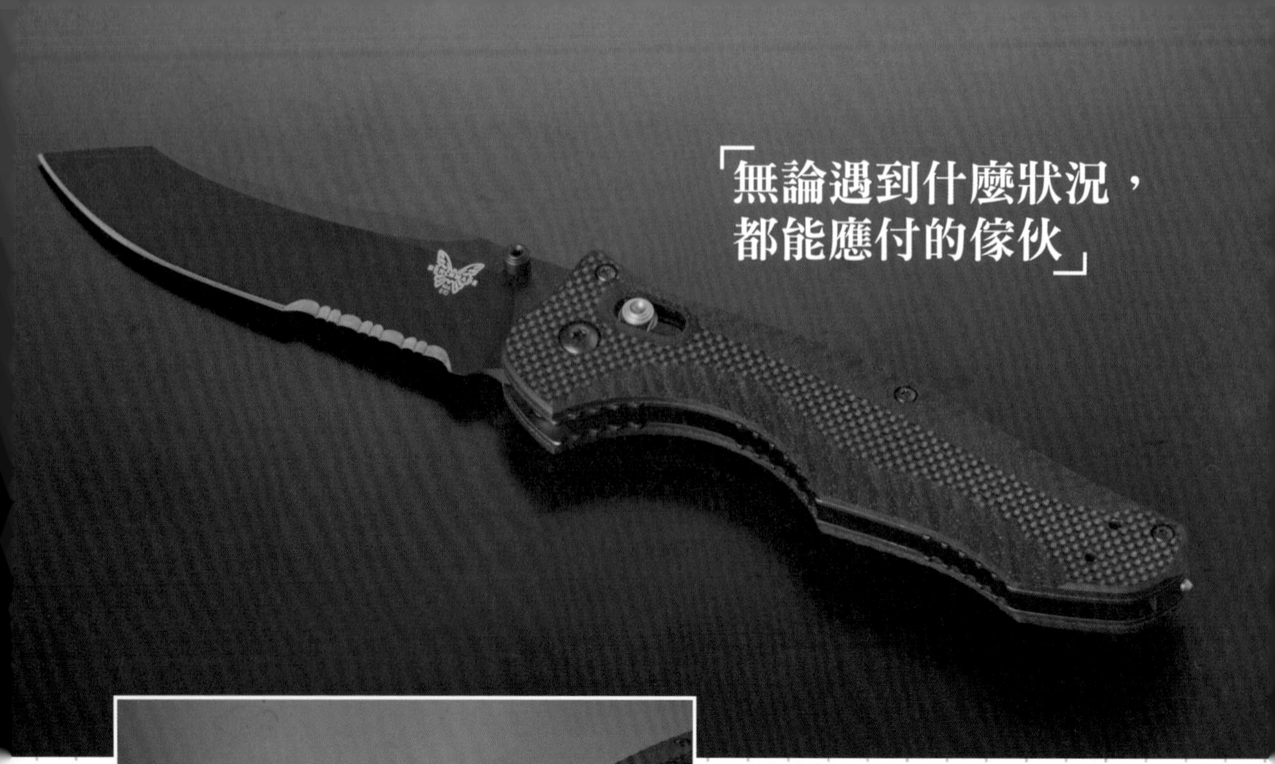

「無論遇到什麼狀況，
都能應付的傢伙」

刀片的材質是CPM-M4碳鋼，刀刃則是半鋸齒刃的雙功能刀身。

刀片的鎖定裝置，是BENCHMADE刀廠取得專利的AXIS鎖定系統。收合時，發條也會拴緊，很安全。

刀具握把的後端附有玻璃擊破裝置，可以當車窗擊碎器來使用。

810 SBK CONTEGO
OSBORN DESIGN

810 SBK黑色 防衛盾戰術折刀

「CONTEGO」在拉丁語是「防衛（protect）」或「盾牌（shield）」的意思。這是把為了應付任何狀況所製作的戰術折刀。試著拿拿看，比想像中還輕，這是因為使用的材質和製作的精良。

單手就可以輕鬆開合，鋸齒刃的設計，無論是要擊碎玻璃或是割斷繩索，都很容易，是款很好使用的經典折刀。

刀具握把是格紋G-10和不鏽鋼製成。

810 CONTEGO
OSBORN DESIGN
810防衛盾
戰術折刀

和右頁的「810 SBK黑色防衛盾戰術折刀」是同一系列的刀具，只是這把刀沒有鋸齒，而是把平刃刀。從外表看來，這把刀或許比較合適平常使用。輕巧、堅固且性能好的這把刀，讓人想要發揮創意，好好活用。

刀具握把是格紋G-10和不鏽鋼製成。

黑與銀的對比也很合適。

「黑與銀的對比」

附有可反轉的迴紋夾，左撇子的人也能使用順手。

刀片材質是CPM-M4碳鋼，HRC硬度在62-64，非常堅硬。而刀片長度為3.98英寸（約10.1cm）。

AXIS鎖定系統的性能很好，利用拇指柱，無論是左手還是右手，都能單手開合刀片。

「銷售第一的刀，值得信賴」

附有美軍MOLLE系統的尼龍刀鞘。

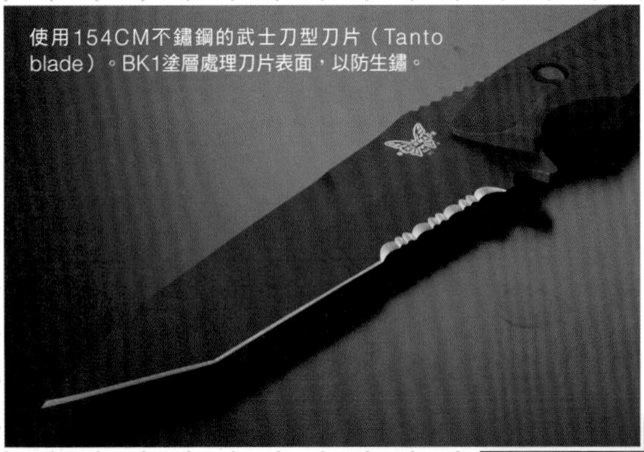

使用154CM不鏽鋼的武士刀型刀片（Tanto blade）。BK1塗層處理刀片表面，以防生鏽。

141 SBK
NIMRAVUS

141 SBK 黑色戰術鞘刀

BENCHMADE刀廠中，總是銷售第一的戰鬥直刀就是這把。它確實是把野外求生刀、戰術鞘刀，但是在野外也可以當作菜刀來使用。

牢固的一體式刀莖構造，很耐用。

因為有大刻紋的手指溝槽（Finger Groove），以及背後的格紋，能夠牢牢握住刀把。

COLUMN

所謂的軍用刀

戰爭型態的轉變，軍用刀的形制也隨之改變

火槍發明之後，鎗、劍等各式各樣的冷兵器，就從戰場上消失了，只有刀具還存留著。

由於初期的火繩槍使用上有難度，為了保護負責火繩槍士兵的人身安全，而有了在滑膛槍管前端裝上刀具形制的刺刀。另一方面，西方人在擴張殖民地的同時，也吸收各種土著文化，加上冶金學的發展，刀具也日益進化。

時代演進，第一次世界大戰開始之後，刀具成了重要的武器。膠著的西部戰線中，在狹窄的戰壕裡進行血淋淋的肉搏戰，這時戰壕格鬥刀就發揮了威力。

進入第二次世界大戰時，同盟國與德國的刀械設計師，製造了各式各樣的格鬥刀。英軍由於有第一次世界大戰的經驗，以及受到廣大殖民地的影響，開發了費賽二氏戰鬥刀（Fairbairn Sykes Fighting Knife），給世界帶來極大的影響。

美國在1941年參戰的同時，為了填補軍用刀的不足，許多個人與企業開始製刀。其中，專門做客製刀的W.D. Randall與KA-BAR公司開始遠近馳名。

另外，由於世界戰爭的範圍之大且擴及多樣的環境，也促成了多種野外求生刀、開山刀等這類刀具的開發。

進入1960年代，美軍陷入越戰。面對游擊戰這種特殊的戰爭型態，就需要完全不一樣的新式冷兵器來應戰。軍隊不惜動用資產，也要投入開發特種部隊用的SOG刀等刀具。

美蘇冷戰期間，主要發展戰略兵器，因此冷兵器沒有較大的進展。但是，1980年代以後，為了對付恐怖分子的威脅，特殊作戰方式有所改變，美國海軍三棲特戰隊（SEALs）、英軍皇家SAS特種空勤團等特種部隊的出現，推進了冷兵器的新進度。近年，戰術類刀具發展相當快速。

SOG

美國

SOG的歷史始於越南。
這個突破密林重圍的名刀禮讚，
如今成為美國製刀產業的
一大製造廠商。

「復出的SOG刀具
是向前人致敬的證明」

刀鞘可以選擇尼龍或Kydex材質。

SEAL PUP M37

海豹部隊 M37 直刀

好處理的 AUS-8 鋼材

這把刀是部分鋸齒的刀片，長度為4.75英寸（約12cm），材質為AUS-8不鏽鋼。抑制光線反射的粉體塗裝處理，也可耐腐蝕。玻璃纖維強化級尼龍製的握把較輕，菱格的刻紋也比較好握。

代表作品是重製的格鬥刀

SOG源自越戰時期美軍的特種部隊「MACV-SOG」。

他們攜帶進入密林深處的是名為「SOG刀」的格鬥刀。1986年一位年輕刀具設計師Spencer Frazer，受到SOG刀的衝擊，因而創立SOG刀具公司（SOG Specialty Knives & Tools）。創立目的是為了讓原始的SOG刀復出，以向前人致敬。

現今生產各式各樣刀具的SOG公司，這款海豹部隊（SEAL PUP）系列的刨削刀尖式波伊刀，就有些形似原始的SOG刀。而現今則使用尼龍材質的刀具握把，輕量化、不滑手等，性能越來越好。

Arc-Lock鎖定系統是藉由按壓拇指柱，就可以快速又安全的展開刀片。

TOMCAT 3.0
S95-N
雄貓三代 S95-N 折刀

第一代雄貓是SOG公司的第一把折刀，其大版型背鎖式的折刀規格，榮獲「1988年刀雜誌年度風雲刀」（Overall Knife of the Year in 1988）的獎項。第三代雄貓採用Arc-Lock鎖定系統，刀片開合變得更加容易。

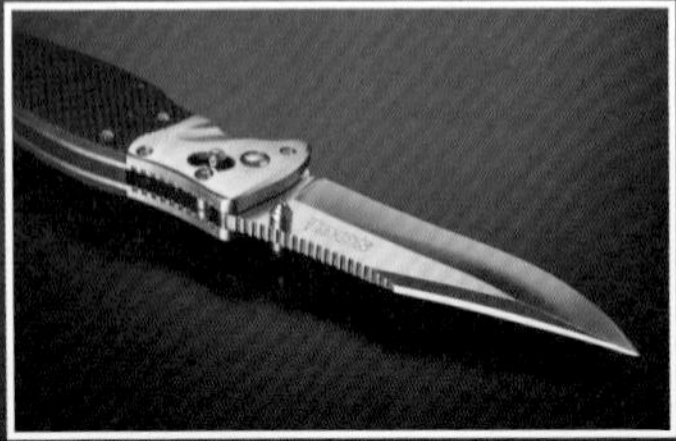

從刀具握把一直延伸到刀背的刻紋。

「年度風雲刀
榮耀加持的刀」

全長8.65英寸（約22cm）的大尺寸，很耐用。但是，令人驚訝的輕巧，又好上手。

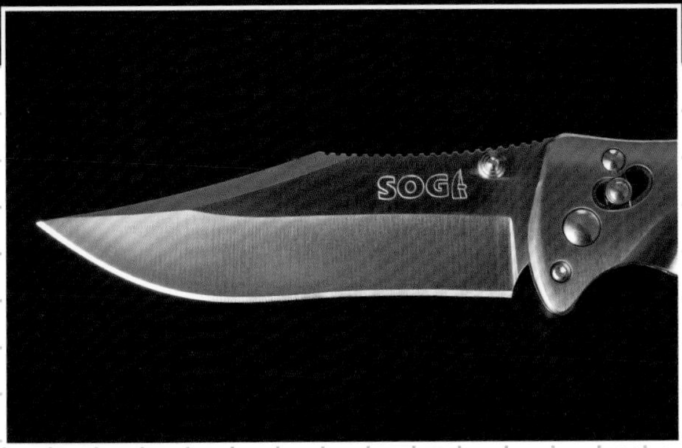

3.75英寸（約9.5cm）的刀片，是VG-10鉻鋼。硬度為HRC59-60。刨削刀尖的刀是SOG公司的特色。

握把是不鏽鋼加上科騰（KRATON）的橡膠，輕巧好握。

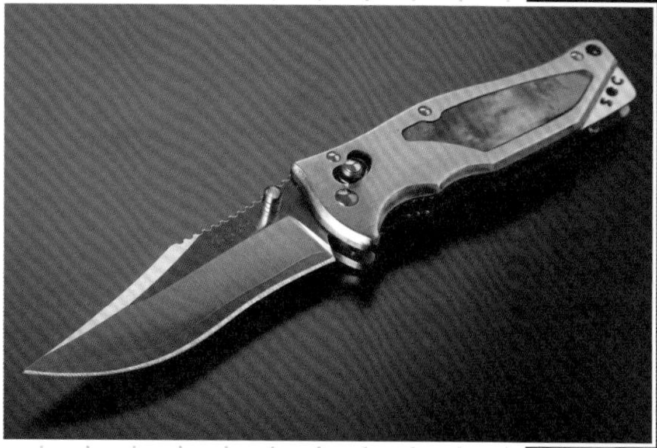

刀片是420J夾著VG-10的三枚鋼，在SOG公司也稱之為「san mai steel」。

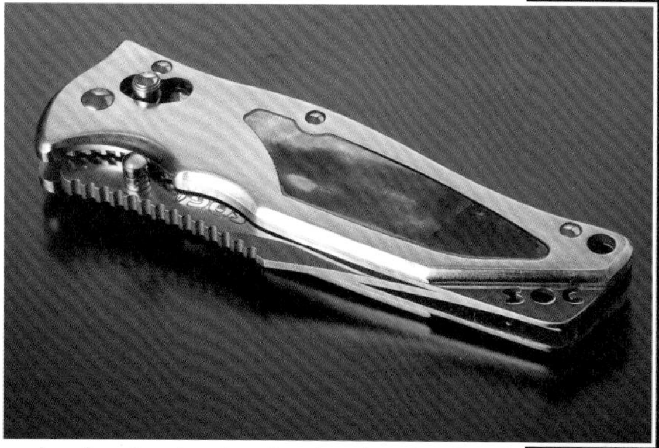

刀具握把上鑲貝裝飾，另外也含有碳。

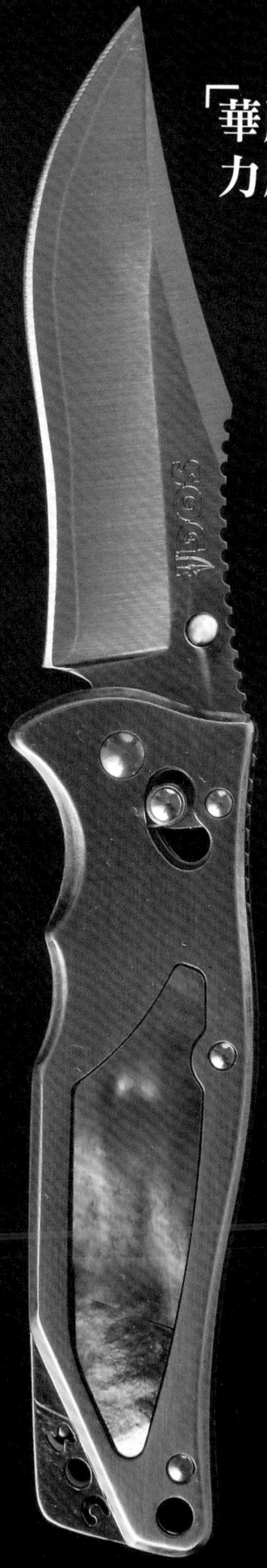

「華麗與力度」

STINGRAY 2.0

魔鬼魚系列二代 鑲貝握把折刀

開創摩登刀具新時代，就是第一代的魔鬼魚（STINGRAY）系列。而第二代所帶來的就是下個新時代吧。這特殊鑲貝款式之美，可說是口袋裡的雕刻品。但是，第二代做得比第一代還結實，可見SOG公司還是主張刀具的堅固性。

拇指柱上也鑲嵌了貝殼圓珠，這個圓珠在日本岐阜縣關市製作。鎖定系統採用取得了專利的Arc-Lock系統。

「引以為傲，創業百年以上的老字號刀具品牌」

KA-BAR

美國

「KA-BAR」一躍成名是在第二次世界大戰時期。從那時候開始，只要出現類似形制的刀，就會被叫作「KA-BAR風格」。

第二次世界大戰 海軍隊員掛在腰間的刀

1942年9月，美國海軍申請採用了一款刀，這款刀的品牌名稱為「KA-BAR」。經過改良後，開始生產海軍專用的實用格鬥刀。

隨著戰爭的激化，USMC

附有皮帶扣環的刀鞘是墨西哥製品，上頭還有USMC標誌的浮雕。

Short KA-BAR USMC

小型海軍陸戰隊用刀

特徵是皮革製的刀具握把

刀片的鋼材是1095Cro-Van高碳鋼。硬度為HRC56-58，是刀具的標準硬度。刀片長度為5.25英寸（約13cm）。平磨的刨削刀尖，皮革製的橢圓形刀具握把。

（美國海軍陸戰隊United States Marine Corps的縮寫）KA-BAR的高品質，開始廣為人知，很快的幾乎人手一把「KA-BAR」刀。由於品質受到大眾認同，就連陸軍、空軍也開始採用，因此公司便更名為「KA-BAR」。

這把小型海軍陸戰隊用刀，是短版的傳統KA-BAR刀，尺寸雖然只有原版的3/4，但是品質卻絲毫不差。這把刀的尺寸，無論露營或日常使用，都很實用。而且，皮革製的刀具握把與刀鞘、閃爍黑色光澤的高碳鋼刀片，都滿溢著傳統名刀的意趣。

KA-BAR

「經典刀具的紀念款」

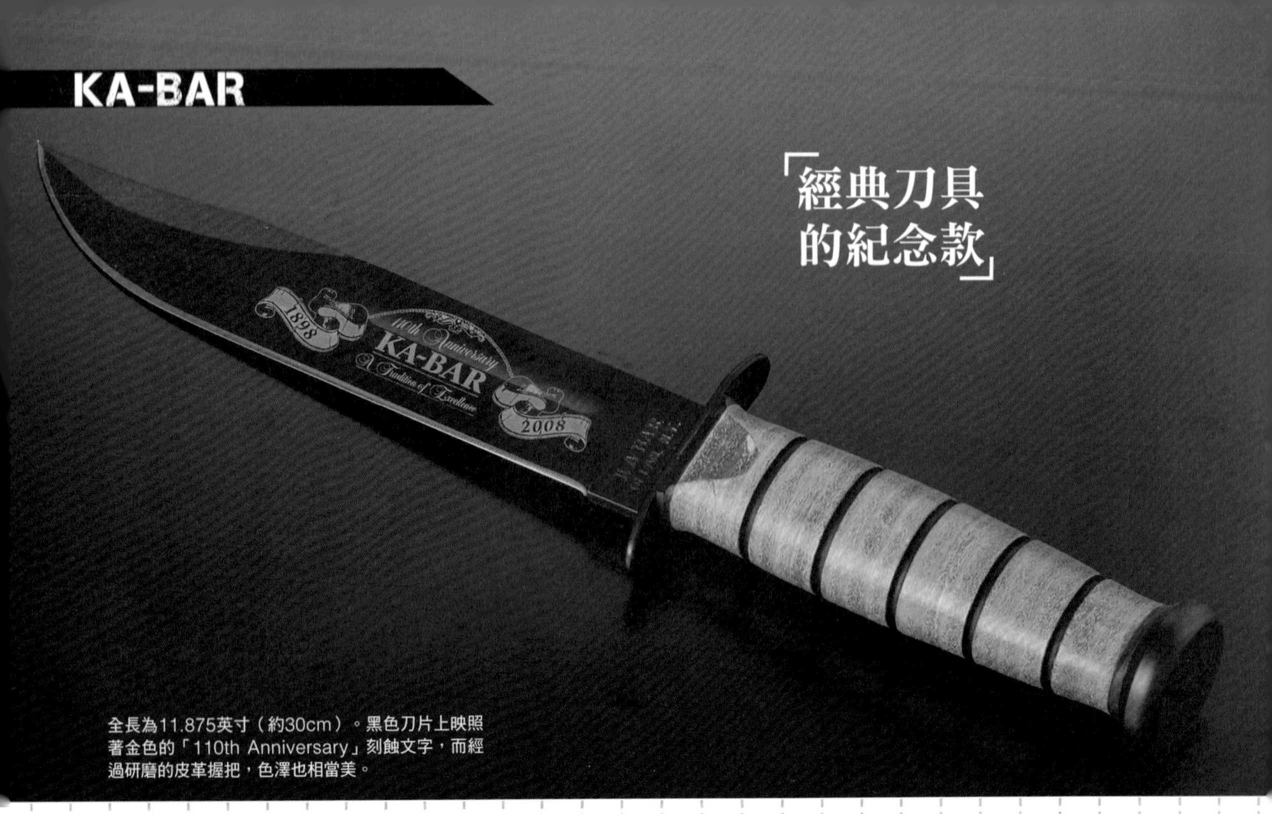

全長為11.875英寸（約30cm）。黑色刀片上映照著金色的「110th Anniversary」刻蝕文字，而經過研磨的皮革握把，色澤也相當美。

刀片長度為7英寸（約17.8cm）。鋼材為1095Cro-Van高碳鋼，刀口鋒利且耐磨損。

9158 US ARMY Commemorative 110th Anniversary Fighting Knife

9158 美國陸軍 110 周年紀念刺刀

KA-BAR為紀念創業110周年，於2008年製作的經典刀具。刀片上還刻蝕著「110th Anniversary」的金色文字。無論作為收藏品、展示品或是禮物，都相當合適的一把刀。

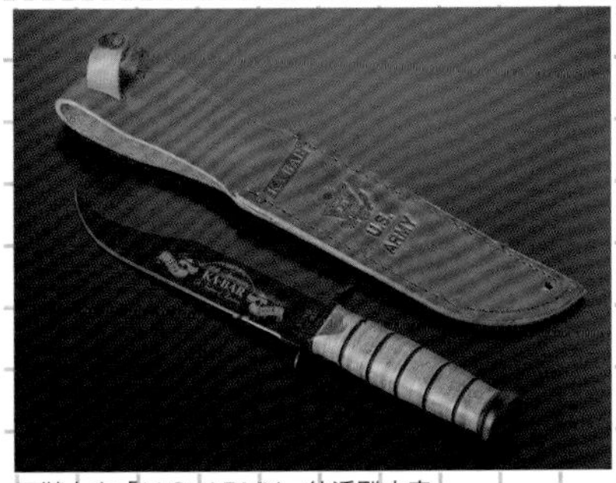

刀鞘上有「U.S. ARMY」的浮雕文字。

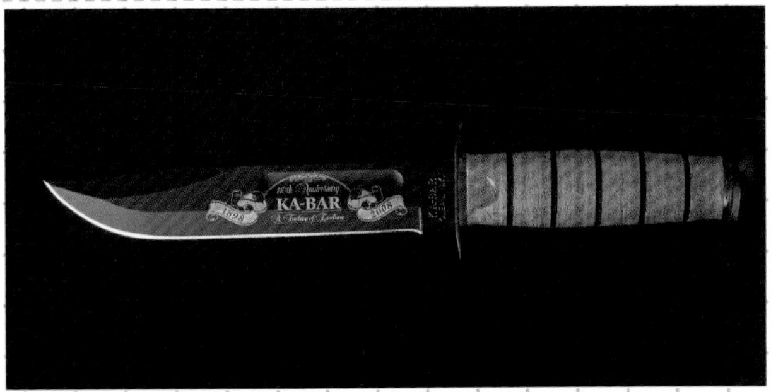

從側面看過去，刨削刀尖的刀片，給人有雙重防護的感覺。

COLUMN

在戰史中留下痕跡的刀具

負面意義的戰爭，帶給刀具歷史的影響

站在人道立場上，戰爭是具負面意義的。但是，對於刀具這項產品來說，在其開發與發展的歷史上，絕對受到戰爭不少的影響

在第二次世界大戰中，廣為人知的是「USMC KA-BAR」，其影響之大，連公司名稱都改成美國海軍隊的刀「KA-BAR」，且長久延用至今。直到現在，仍然是許多擔任軍職的年輕人，購買個人用刀的第一選擇。

SOG的品牌名稱，是源自越戰時的特種部隊「MACV-SOG」，正式名稱是軍事援助指揮部／偵察隊（Military Assistance Command, Vietnam /Studies and Observations Group）。「偵察隊（Studies and Observations Group）」這個名稱，其實是為了隱藏他們的真實身分，也有人稱他們為「特戰隊（Special Operations Group）」，而這個名稱才表達了他們真正的任務。也由於特種部隊隨身攜帶，人們才能窺探這把刀的實力。

GERBER公司也是因為在越戰知名度很高的「Mark II」，才聞名於世。這把刀是退役軍人C. A. Bud Holzman發明的，他原本是第二次世界大戰諾曼第登陸的戰役中，遠近馳名的第101空降師上校，也曾獲得「銅星勳章（Bronze Star Medal）」。為了士兵攜帶方便，GERBER公司與Bud Holzman協力合作，開發有五度角刀片的劃時代刀具。這把刀成為在越戰士兵購買的刀中，第二有名的刀具，僅次於專門製作客製手工刀的W. D. Randall。

在近年的伊拉克戰爭中，也有優秀刀具現身於世。隸屬於SEALs的Mike Noel，由於有過隊員在地雷區喪命的經驗，創立BLACKHAWK公司後，站在前線士兵的立場，著手開發戰鬥裝備和優秀刀具。

©dpa/dpa/Corbis/amanaimages

「符合戰爭現場士兵要求的戰術折刀，業界一陣譁然」

BLACKHAWK

美國

持續給現今戰術類產品
很大影響的新興刀具製造廠商。
誕生於戰火連天的伊拉克。

BLACKHAWK

無論哪一隻手，藉由按壓拇指柱，就能單手展開刀片。而鎖定按鈕扣合展開的刀片，加上輔助鎖，得以牢牢固定刀片。收合刀片時，只要用大拇指就可以輕鬆操作輔助鎖。

CQD MARK I TYPE E MANUAL FOLDER

馬克一型戰鬥刀

原本特種部隊的士兵，創立公司

1990年的某一日，在伊拉克，隸屬於海軍特種部隊SEALs的Mike Noel和隊員們背著沉重的裝備，走在地雷區。突然，背包的皮帶鬆脫，一個重心不穩，腳下的地雷……。

從那個地雷區死裡逃生的他想：「難道不能開發更加優良的背包與裝備嗎？」

退役之後，他開設了一間公司——BLACKHAWK。他以自身的經驗，用戰地士兵的角度，製作出來的戰鬥裝備，帶給業界很大的影響。

這把馬克一型戰鬥刀，作為一把戰術折刀，藏有很高的性能。由於擁有單手就可開合刀片的便利性、刀片展開時的穩固性，以及有助於作戰行動的實用性等，在戰場上，遭遇困境時，將有利於保護性命。一般人在野外活動時，這把刀也能派上用場。

「戰鬥刀的真實面貌」

全長9.5英寸（約24cm）。420J不鏽鋼外圍輪廓的刀片，加上噴射鑄模的尼龍握把，輕巧卻很堅固。

CQD MARK I TYPE E MANUAL FOLDER PLAIN
馬克一型 平刃戰鬥刀

BLACKHAWK公司非常注重品質，就連供給裝備的枝微末節，都一再地檢查、確認，力求完美。展現戰鬥刀真實面貌的馬克一型，是平刃刃的典範。幾何圖形結構的改良型槍型刀尖式刀片，展現了刀刃的風采。

刀片的鋼材是種很好用的AUS8A不鏽鋼。

刀具握把後端的皮帶／繩索切割器，不用展開刀片，就可以直接使用。

BLACKHAWK

CQD MARK I TYPE E MANUAL FOLDER PARTIALLY SERRATED

馬克一型
部分鋸齒戰鬥刀

BLACKHAWK公司最優良的馬克一型部分鋸齒戰鬥刀，就是這把。至於要選擇平刃刀還是鋸齒刀，看個人喜好。鋸齒刀雖然有派上用場的時候，但是保養比較費時費力。在波浪型刀緣施以黑色PVD鍍膜（Black PVD Coating）的處理，不只是有利於作戰行動，也是為了保護刀刃。

刀片上有長度為3.75英寸（約9.5cm）的鋸齒刀部分。

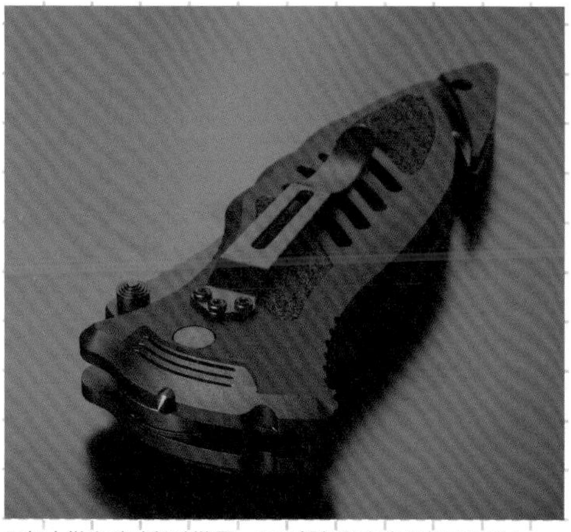
刀柄上裝有玻璃擊破裝置，而且握把的左右側都可以裝上迴紋夾。

「用途廣泛的鋸齒刀刃」

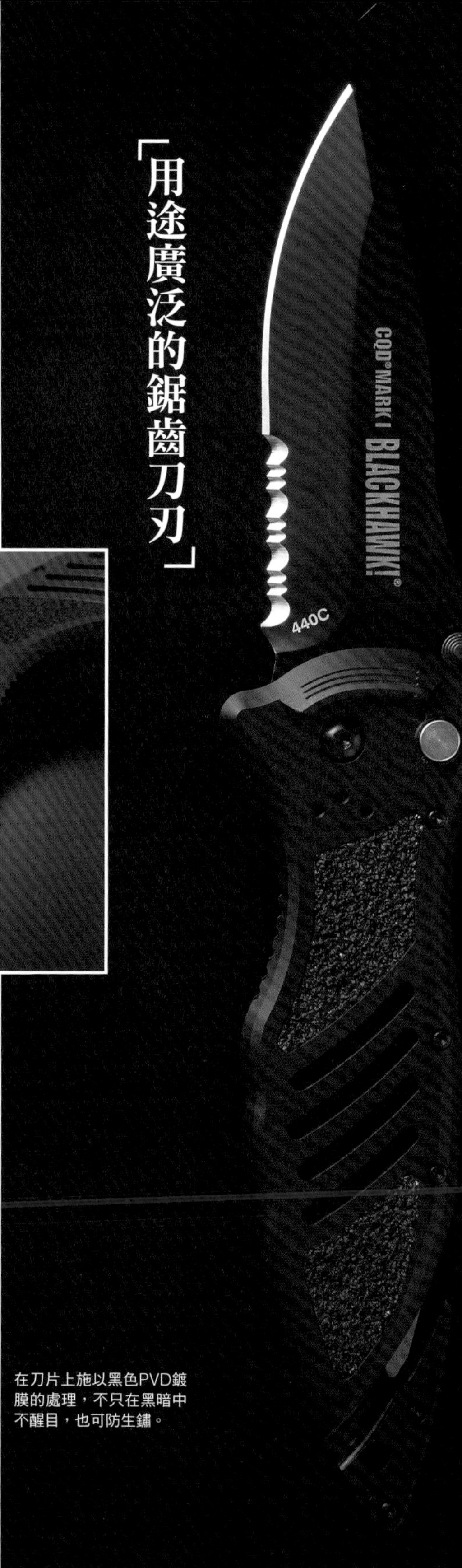

在刀片上施以黑色PVD鍍膜的處理，不只在黑暗中不醒目，也可防生鏽。

COLUMN

所謂野外求生刀

電影塑造出的典型印象

現在仍有許多人，當提到野外求生刀，就會聯想到席維斯・史特龍（Sylvester Gardenzio Stallone）演的電影《藍波》吧。螢幕上，主角握著一把藍波刀登場，而那把刀其實是Jimmy Lile製作的「SLYⅡ」。

原本，野外求生刀是為了機師在墜落時自保的緊急用刀而開發。最早的一把是在1957年，美國海軍武器局與Marble Arms公司共同開發的6英寸刨削刀尖的刀，而且刀背是野外求生刀的「鋸齒狀」特徵。這是為了當飛機墜落時，機師能夠割裂機體而逃脫所設計的。

提到野外求生刀，應該還有很多人會聯想到「中空握把（hollow handle）」吧。握把的中間是空心的，可以放入釣具、藥品與防水火柴等求生用品。這是由進駐越南的軍醫George Ingraham所提案，專門製作客製手工刀的W. D. Randall實體化的刀具，名為「Randall M18 Attack Survival」。

電影《藍波》大受歡迎的80年代，野外求生刀也備受矚目，大熱賣。無論哪一把都是模仿「SLYⅡ」，刨削刀尖、約10英寸的大型鋸齒波伊刀片、中空握把等一一具備。

不過，這只是受到電影的影響。從實用性來看，中空的握把稱不上堅固，尺寸太大很阻礙行動。因此，到了80年代後期，一體式刀莖與窄式刀莖的刀具出現了。現在最具代表性的野外求生刀，就是ONTARIO刀具公司的「499空軍野外求生刀（499 Air Force Survival）」，刀片長度只有5英寸，是80年代主流刀片長度的一半。

©CAROLCO PICTURES/Ronald Grant Archive/Mary Evans/amanaimages

PART 3 戶外活動

如同字面上的意思，這個章節要介紹在戶外活動時使用的刀。無論是在露營區、高山上、森林裡，做料理、切取用手無法採集的東西等等，都可以派上用場，遇難時，刀具也可以成為增強信心的好夥伴。因為是正宗的刀具，所以傳統老店也很多，其魅力就在於，選擇中意刀具的同時，也在感受歷史。很想要找到一把能夠長久使用，並且對自己來說「就是這把刀」的刀具啊。

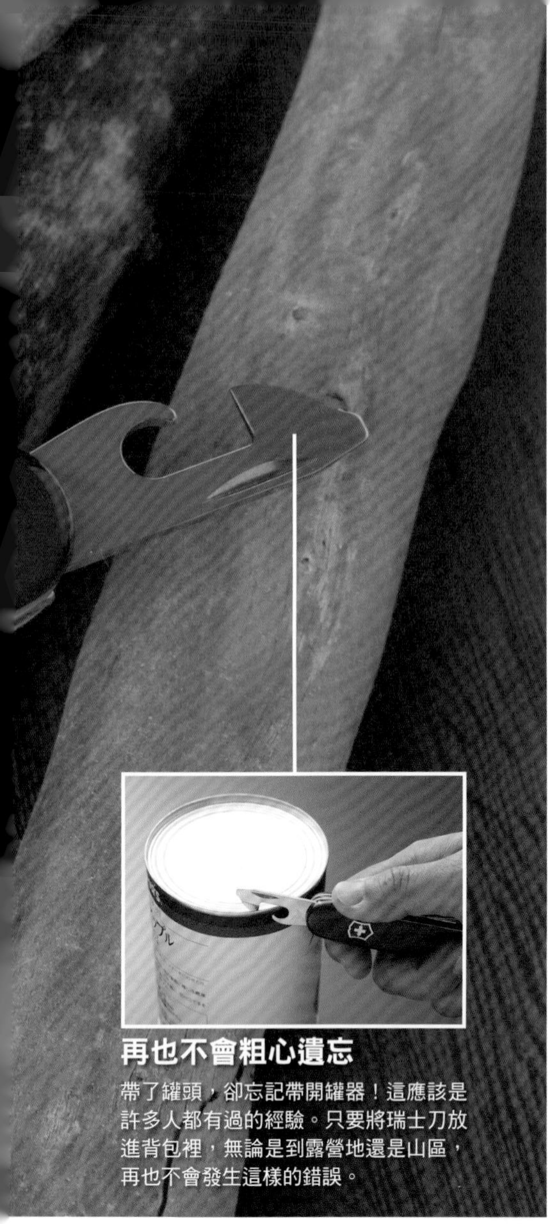

再也不會粗心遺忘

帶了罐頭，卻忘記帶開罐器！這應該是許多人都有過的經驗。只要將瑞士刀放進背包裡，無論是到露營地還是山區，再也不會發生這樣的錯誤。

Victorinox

瑞士

「紅色的握把」與「瑞士的國徽」，
即便不是熱中於戶外活動的人，
當想到要帶去露營的刀具時，
應該都會想到這把刀吧。

一把刀共有6個部分

這把瑞士刀共有大刀、小刀、開罐器結合一字起子、軟木塞開瓶器、鑽孔器，以及開瓶器結合一字螺絲起子等6個部分。

瞬間大受歡迎的革命性多樣化工具

1897年，Victorinox開創了刀具歷史的新時代，取得了革命性多樣化工具的專利。

被稱為「軍官刀」的瑞士刀，一把刀裡共有大刀、小刀、開罐器、軟木塞開瓶器、鑽孔器，以及開瓶器等配備。

這個新產品一夕之間大受歡迎，還有遠從國外來的訂單，甚至德國還出現仿製品。因此，在1909年，以紅色的握把與瑞士的國徽，作為原

紅色的握把與瑞士的國徽，是它的商標。

「誕生於瑞士，多樣化工具的先驅」

STANDARD SPARTAN
斯巴達標準型瑞士刀

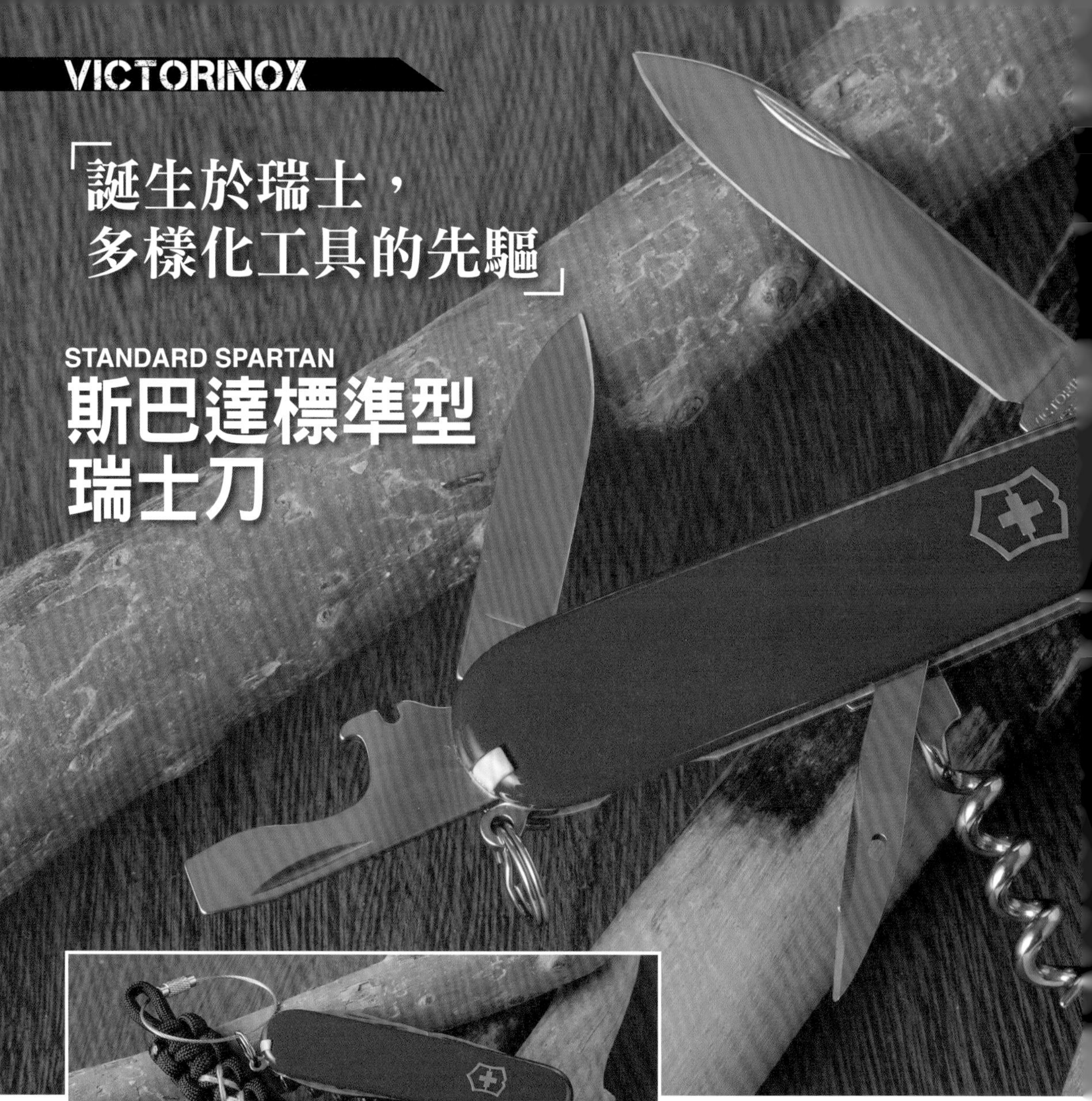

經常帶到野外

想要帶瑞士刀到露營地，隨手就可以拿來使用。但是，不能在市區裡使用。如果將瑞士刀作為隨身行李帶到機場，將會被沒收，因此請收在行李箱內。

創的商標。

從取得專利至今已超過1個世紀，形制幾乎沒有改變的這款「斯巴達標準型瑞士刀」，已是世界上人們所喜愛的經典。它受歡迎的祕訣，或許是因為好用吧。對於剛接觸Victorinox刀具的人，我也很推薦這款刀喔！

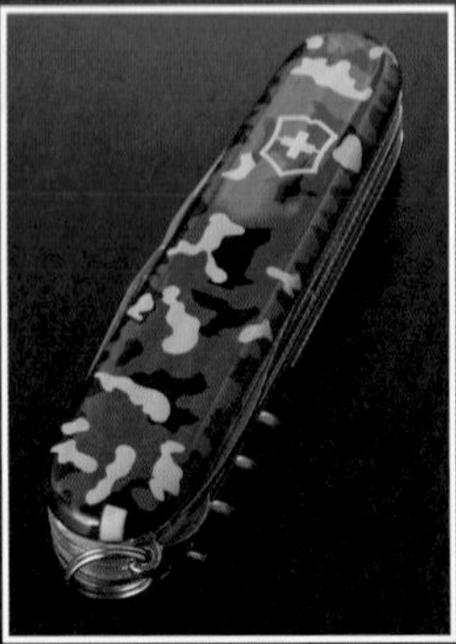

長91×寬27×高21mm
的尺寸。握把的顏色也
有紅、黑、藍等色。

無論在野外或防災，都很
受歡迎的款式。多功能掛
勾在綁鞋帶時也很好用。

HUNTMAN CAMOUFLAGE
迷彩獵人多功能瑞士刀

考量很周全，配置了經常使用的12種功能。全長91mm，不論握取或使用都很合適的尺寸。迷彩色的握把，也很適合軍事迷。

「野外、防災，
都不用擔心」

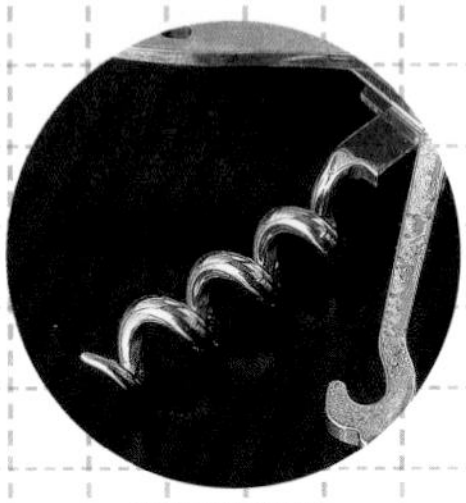

軟木塞開瓶器

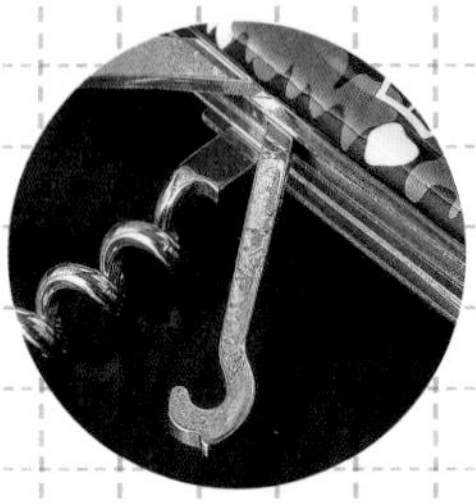

多功能掛勾

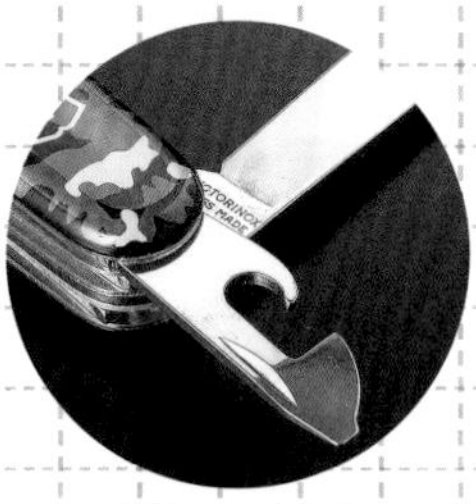

開罐器／一字起子

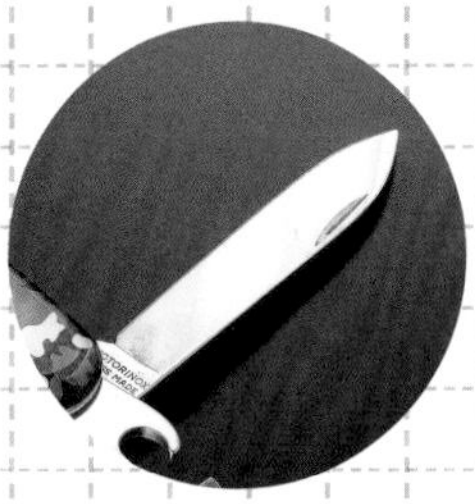

大刀

鑽孔器

小刀／開瓶器／一字起子

小鋸子

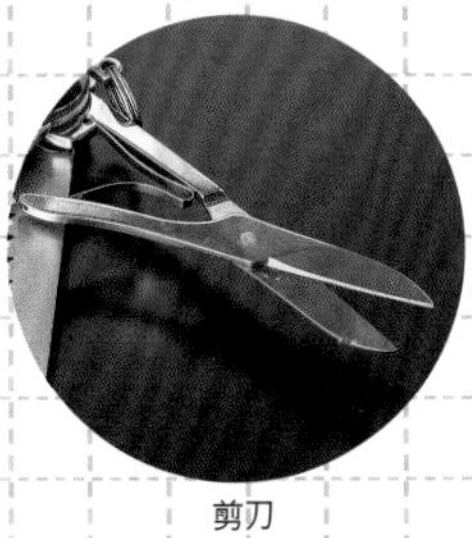

剪刀

VICTORINOX

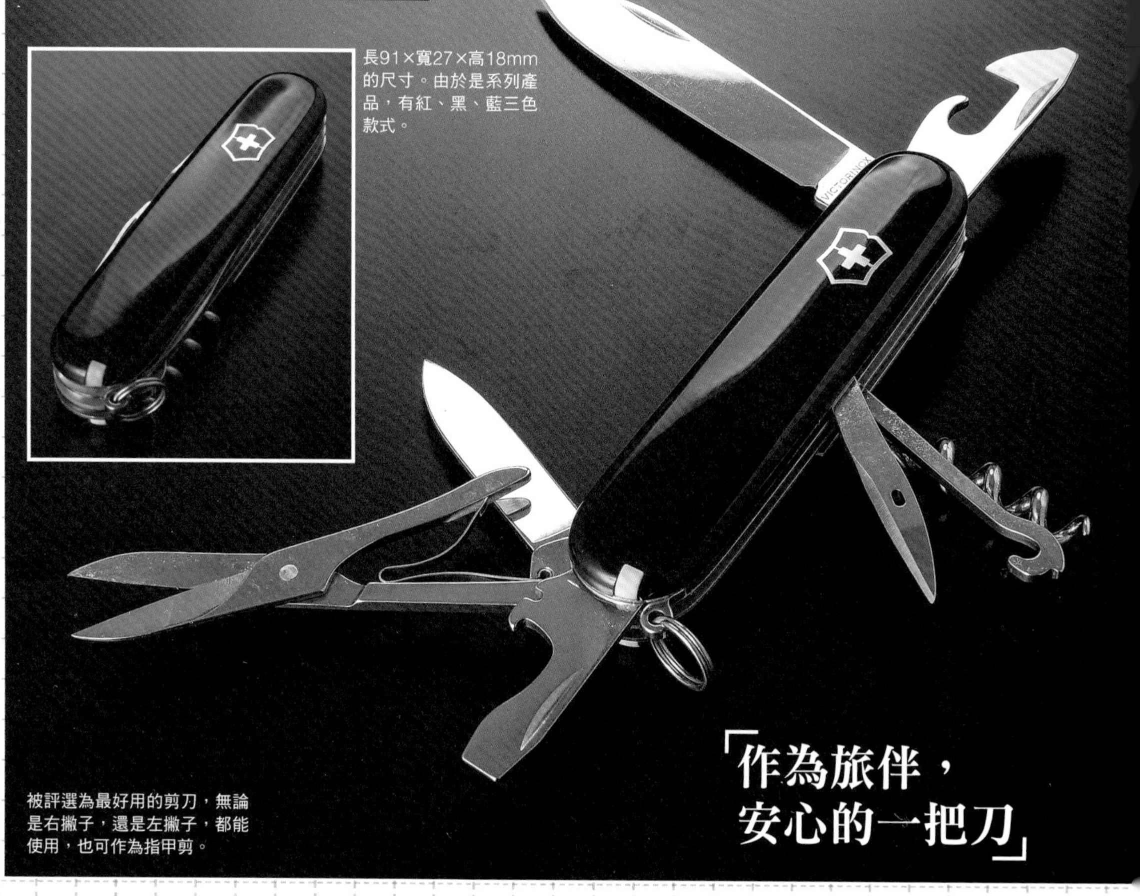

長91×寬27×高18mm的尺寸。由於是系列產品，有紅、黑、藍三色款式。

被評選為最好用的剪刀，無論是右撇子，還是左撇子，都能使用，也可作為指甲剪。

「作為旅伴，安心的一把刀」

TRAVELER BLACK
旅行家多功能瑞士刀

在旅行途中發現指甲長長了，在意得不得了，這個時候能派上用場的就是這把刀了。除了一大一小刀具外，還配置了指甲剪、開瓶器、軟木塞開瓶器等旅行必備的11種功能。一直以來就是這樣的組合配備，非常受到喜愛。

大刀

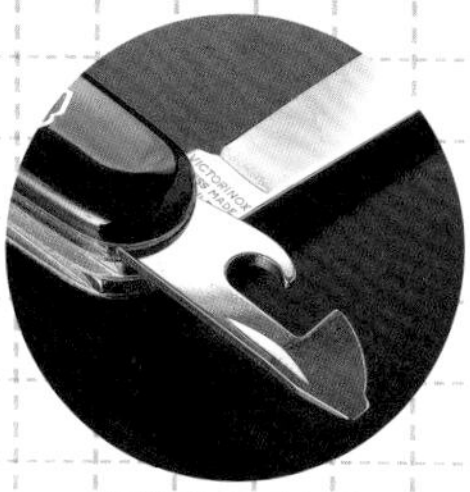

開罐器／一字起子

小刀

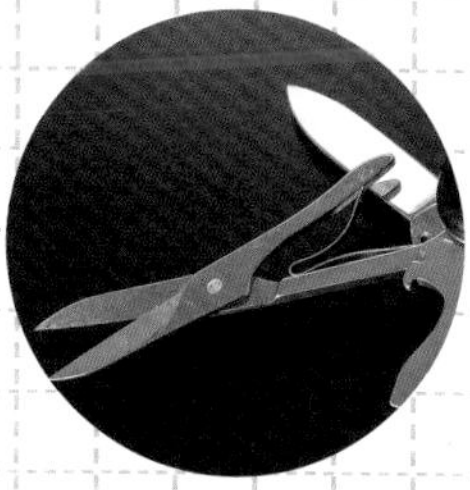

剪刀

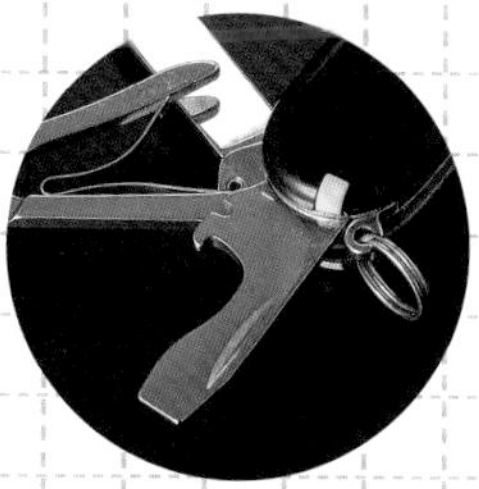

開瓶器／一字起子

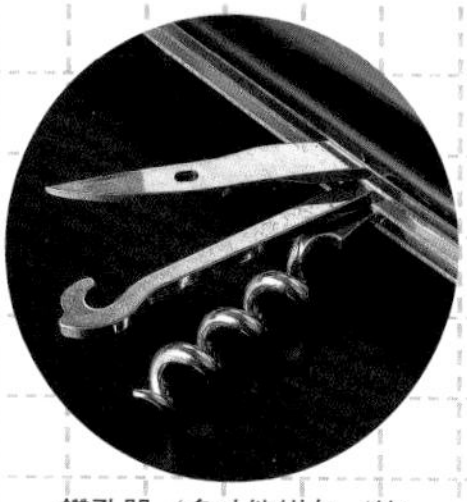

鑽孔器／多功能掛勾／軟木塞開瓶器

SOLDIER KNIFE
軍用瑞士刀

現今瑞士陸軍長期採用的瑞士刀就是這個款式。刀具握把上有瑞士陸軍的標誌，刀片本身也是很好的材質。除了很適合應對野外的嚴峻考驗，這把刀也很推薦給對品質極要求的人。

開罐器／一字起子

鎖定折刀（附拇指孔）

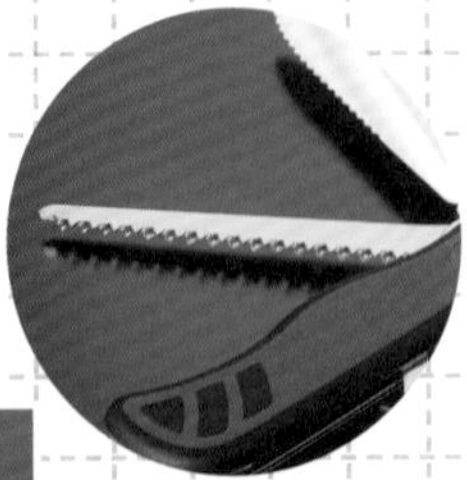

小鋸子

開瓶器／一字起子

鑽孔器／十字起子

長111×寬34.5×高18mm的尺寸。即使帶著手套，也能單手展開刀片。

「瑞士陸軍
信賴的產品」

尼龍樹脂與氨基鉀酸酯樹脂所合成的複合材質握把。是把追求輕量型、耐衝擊與好上手的新世代耐用刀款。

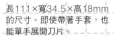

MINI CHAMP AL
迷你冠軍刀

58mm的小尺寸配置了14種功能，能解決日常生活中的各種瑣事。除了有刀片和螺絲起子等工具外，還備有指甲銼刀、削皮刀、刻度尺等精細的功能。

從開賣至今已經20周年，是一款長年受到世界各地人們愛戴的刀。

MINI CHAMP AL
迷你冠軍刀

多款顏色，深受女性喜愛

招牌的紅色、具知性美的銀色，以及穩重的黑色等共有3款色系，也深受女性的喜愛。

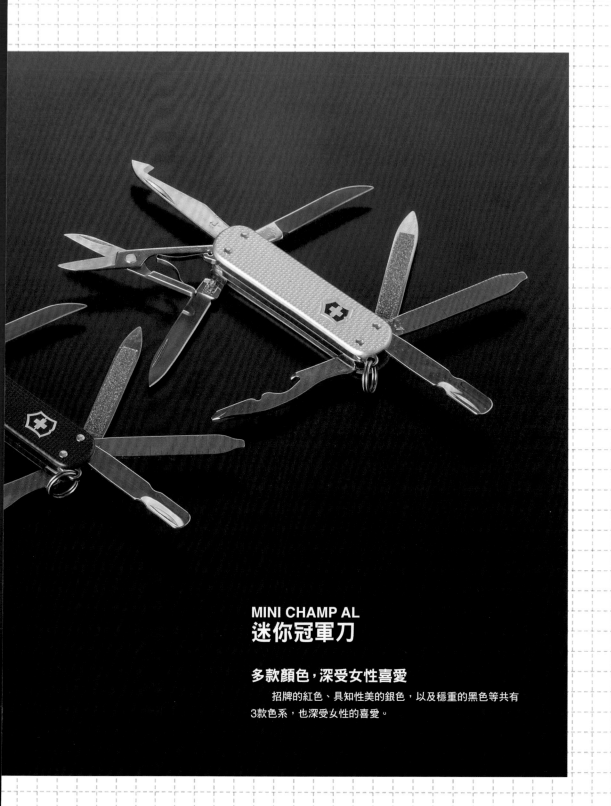

長58×寬20×高10mm的尺寸。

「受到世界各地人們愛戴的多功能刀款」

BUCK

美國

現在已是典範的「背鎖式」折刀。
當初面世的就是這把受到
世界各地人們愛戴的折刀。

值得信賴的新方式，
在產業界掀起革命

這是發生在1964年的事情。

在美國加州聖地牙哥的一間刀具公司，生產了一把刀。

公司名稱為「BUCK」。

這個新產品，在其刀具握把的背後附有一個鎖栓，是種可以牢牢固定展開刀片的劃時代產物。

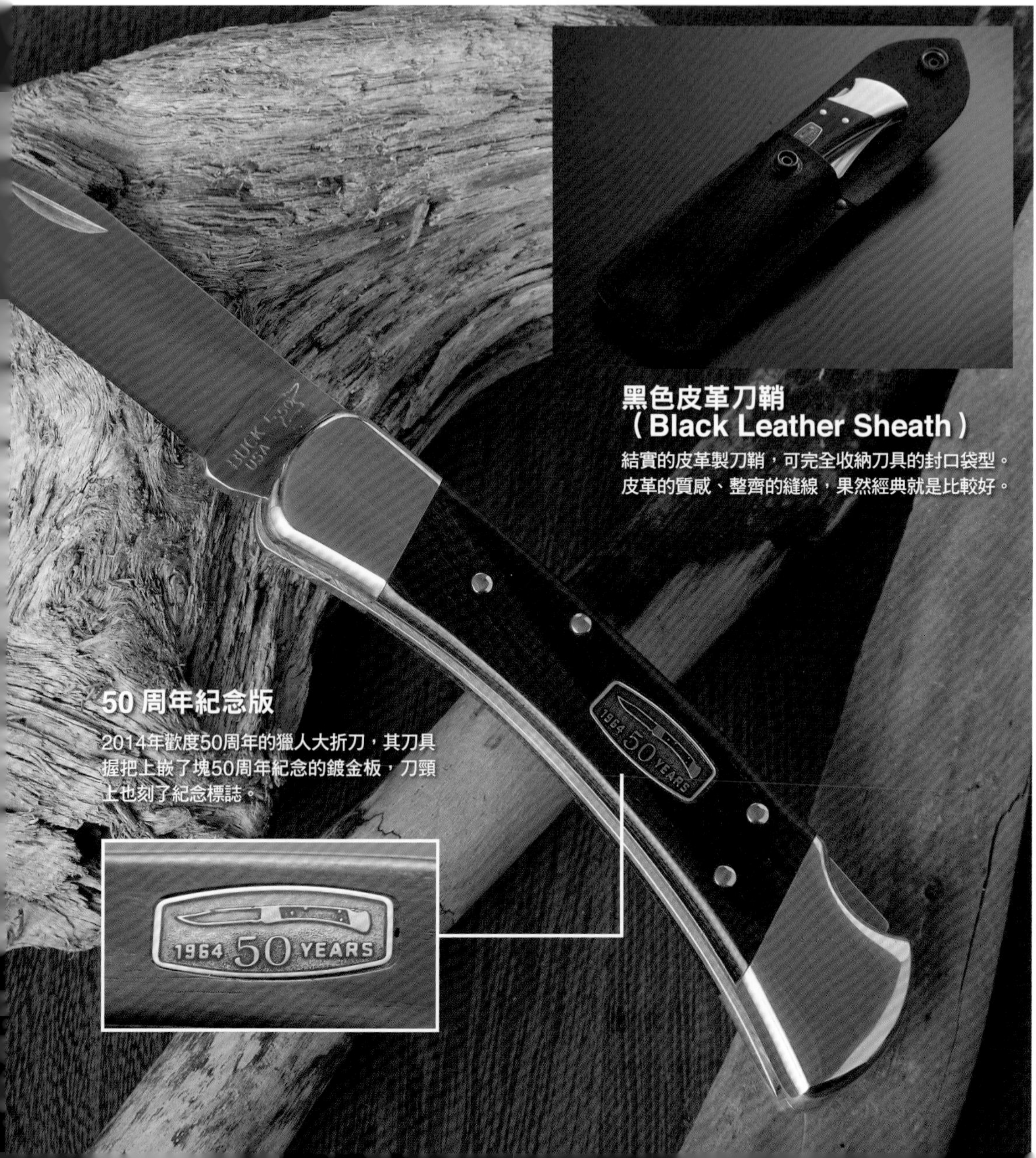

黑色皮革刀鞘
（Black Leather Sheath）

結實的皮革製刀鞘，可完全收納刀具的封口袋型。皮革的質感、整齊的縫線，果然經典就是比較好。

50周年紀念版

2014年歡度50周年的獵人大折刀，其刀具握把上嵌了塊50周年紀念的鍍金板，刀頸上也刻了紀念標誌。

110 Folding Hunter Knife 50th Anniversary Edition

110獵人大折刀 50周年紀念版

「背鎖式折刀的典範就在這裡」

這把刀名為「110獵人大折刀（110 Folding Hunter Knife）」

這個新款式，爆炸性的大熱賣。值得信賴的背鎖式，在產業界掀起革命，也將BUCK公司推上業界領導地位。

自當時已過了50年，這把名刀，已成了世界上最常被仿製的刀款，也受到許多熱愛戶外活動人們的喜愛。在值得慶祝的2014年，BUCK公司發行了110獵人大折刀50周年紀念版。

420 高碳鋼

刀片是420高碳鋼，是種同時擁有耐腐蝕與耐磨損特性的材質。尖銳的刨削刀尖，無論在進行精細的作業，或在狹窄的範圍切割時，都很容易操作。刀片長度為3.75英寸（約9.5cm）。

典雅的黑檀木握把與黃銅製刀肩，完全是110獵人大折刀的特色。

「短小精幹的名刀」

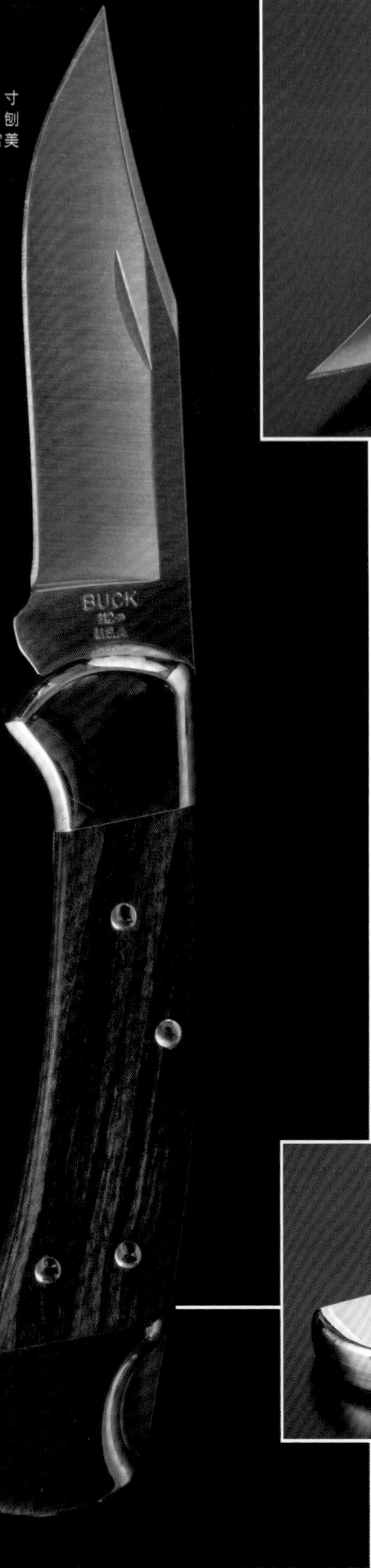

刀片長度為3英寸（約7.6cm）。刨削刀尖的線條相當美麗。

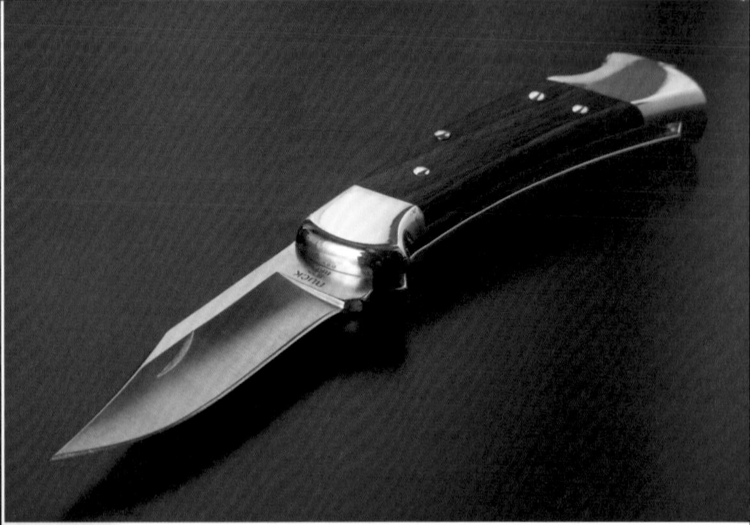

耐腐蝕與耐磨損的420不鏽鋼材質。

112 Ranger Knife

112 騎士折刀

比110獵人大折刀略小的刀款。刀片長度為3英寸，很好掌握的尺寸，對日本人來說，這把刀或許比較容易上手。當然也同樣是背鎖式的折刀。

黑檀木的握把。

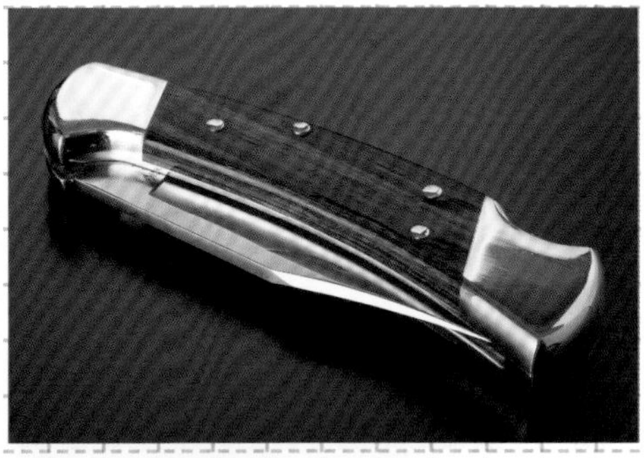

黃銅製的刀肩，經磨光後，更顯亮麗。

Nobleman Knife
貴族小折刀

「提高了實用性能的一把刀」

　　無論是日常的書面工作、露營還是登山時，都很活躍且廣泛使用的一把刀。給人細長型的框架式鎖定，有輕盈感。價格實惠，因此是年輕人也買得起的一把刀。

按壓拇指柱，單手就可以解除鎖定。

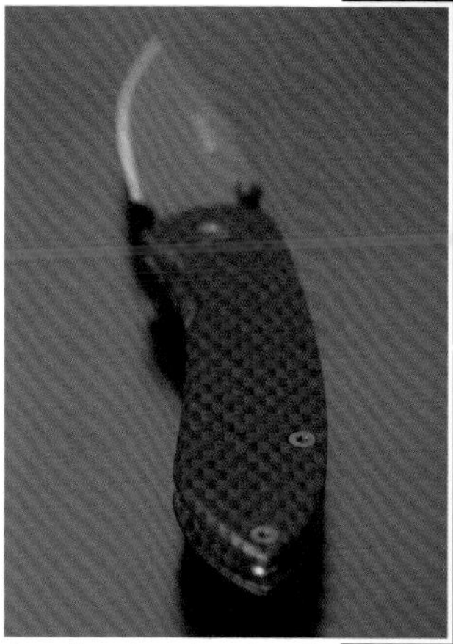

碳纖維製的刀具握把，並附有可拆式迴紋夾。

刀片形狀是堅固且具高度可用性的水滴狀刀尖。

刀片長度為2.625英寸（約6.7cm）。經鈦塗層處理的440A不鏽鋼材質，具有很高的耐腐蝕性。

Vantage-Small Knife
戰術小折刀

符合理想的隨身攜帶式刀款。採用不鏽鋼材質的內襯鎖定，而且利用刀片上的開孔，就可以單手展開刀片。放在書桌旁，或放進口袋裡，就是希望能在要用時可隨手取得。

好用的水滴狀刀尖。

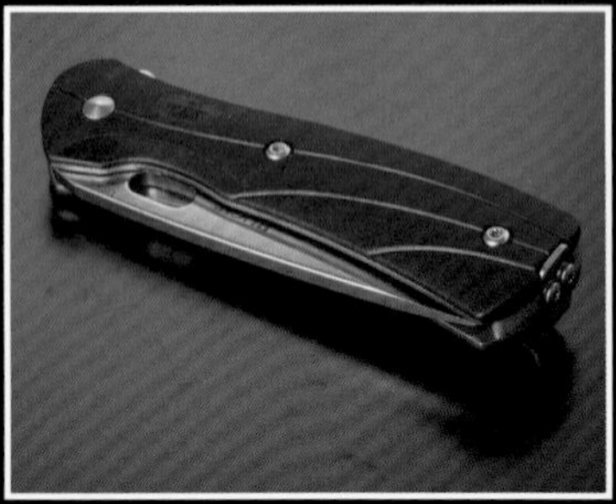

利用刀片上的開孔，單手就可以展開刀片。

「天天都想把玩的新刀款」

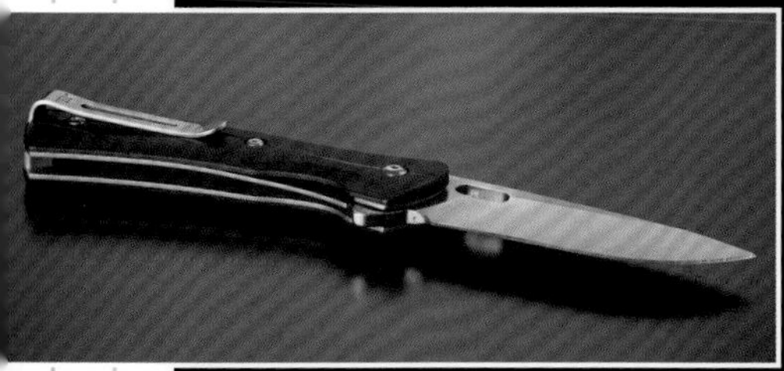

不鏽鋼材質的內襯，有較高的耐久性，也提高了內襯鎖定的安全性。

119 Special Buck Knife

119 特別版獵刀

這是把足以代表BUCK的傳統鞘刀。當初是公司創始人Hoyt Buck及其兒子Al Buck，在店裡手工製作的刀。雖然形制較大，但是很好使用，而刨削刀尖也很適合精細的作業。

「BUCK才有的傳統與形制」

大型的刨削刀尖，並經過凹磨處理。

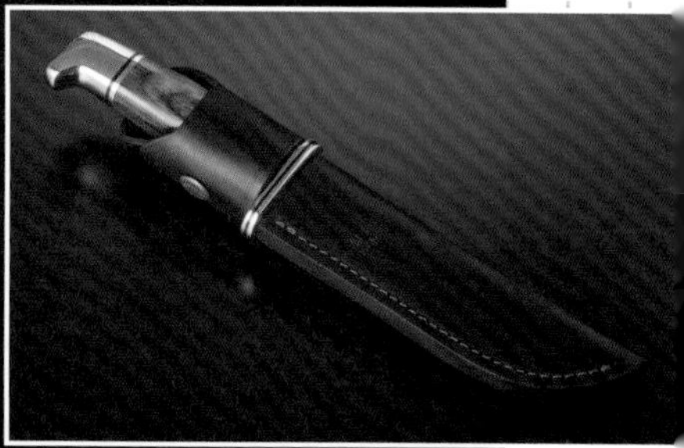

結實的皮革製刀鞘，並以皮帶固定刀具握把的形制。

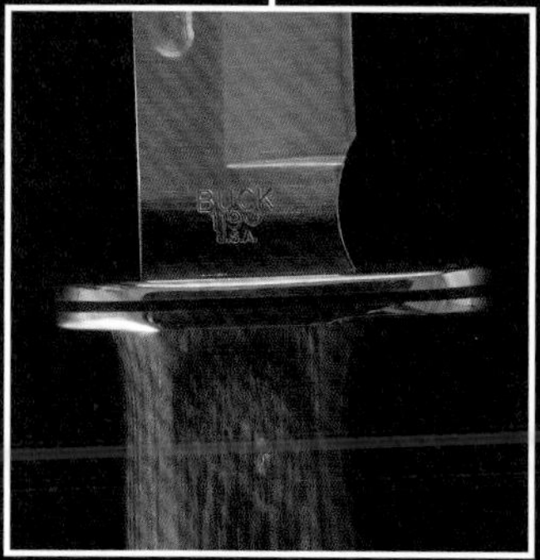

刀頸上「BUCK」的刻印韻味深沉，刀片則是420高碳鋼材質。

刀具握把是紫檀木製，與黃銅兩相映輝，更顯豔麗。

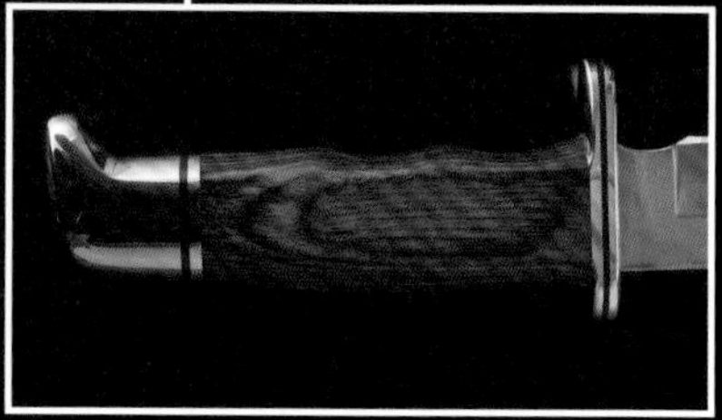

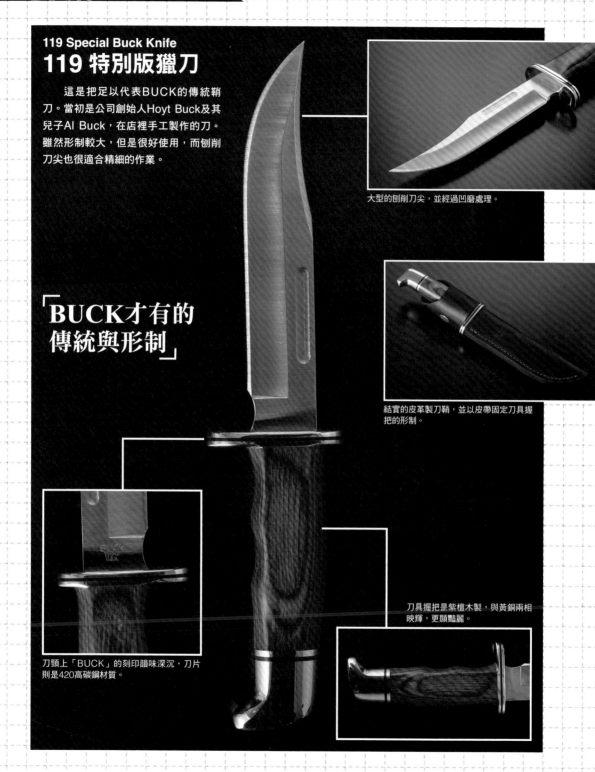

Folding Alpha Hunter

阿爾法獵人折刀

阿爾法獵人折刀是具現代感的刀款。提到BUCK公司就想到正統派刀具，而這是他們在傳統之外的新嘗試。按壓拇指柱，單手就能順利操作刀片。

按壓拇指柱，單手就能輕鬆操作刀片。刀片長度為3.5英寸（約8.9cm）。

槍型刀尖的刀片，使用高級鋼材S30V製作，硬度在HRC59.5-61，柔韌且鋒利，也很耐腐蝕。

「從正統派所衍伸的現代感」

刀具握把是花梨木製，收納刀片的橫溝內，可以看見鎖定框架。

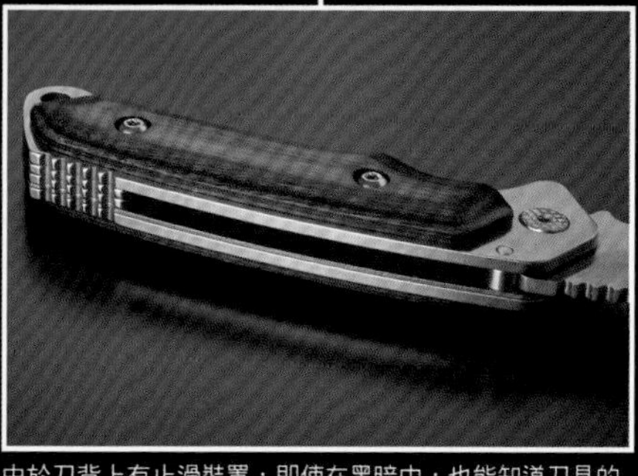

由於刀背上有止滑裝置，即使在黑暗中，也能知道刀具的頭尾方向。

COLUMN

適合露營時使用的刀具

當考量到各種用途時，就會覺得實用性的刀款比較好

提到使用野外用刀，最先想到的代表性場景，就是露營了吧。

露營用刀，以實用性的刀款會比較好。刀具可以作為各種工具的替代品，但是卻沒有任何道具可以代替刀具。

例如，雖然帶了罐頭，卻忘記帶開罐器，這時如果有把堅固的刀具，就可以用刀尖刺穿罐頭的蓋子，再割開罐頭；但是，開罐器不能用來切肉。另外，如果忘記帶筷子或湯匙，可以用刀具削樹枝來做筷子；但是筷子不能用來切洋蔥丁。

有人認為，如果帶刀具去露營地，只是為了要野炊，那麼選用又薄又寬的菜刀即可。的確，要切肉、切菜，選用專用的菜刀比較好。但是，如果你設想到可能還得割繩子、砍樹枝或竹子，卻偏偏只能帶一把刀具的話，當然還是要帶有多種用途的工具比較方便。

若要從刀片的形狀來列舉比較實用的設計則有：水滴狀刀尖、直線型刀片、實用型刀尖、半剝皮刀等。不過像剝皮刀這類有限定用途的，比較不推薦。

另外，用途不同時，握刀方式也不同，因此，選用樣式簡單的刀款比較好。尺寸的部分，由於考量到用途的廣泛性，刀片長度大約3英寸，厚度則約3毫米左右的刀款比較合適。如果在露營地需要經常使用，而想隨身攜帶的話，或許也可以帶小型刀款。而如果要爬山的話，太大或太重的刀，就會變成阻礙了。

鋼材的部分，選用耐腐蝕性、硬度與韌度都很平均，並且刀具握把材質也很堅固的刀款比較好。如果考量耐用性，鞘刀會比較好，但是，如果考量攜帶方便性，則是折刀比較好。

多功能瑞士刀，是便利性較高的工具。

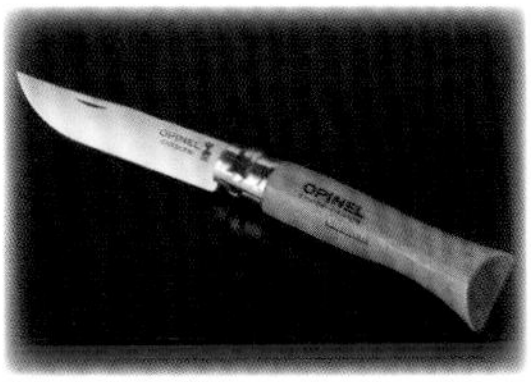

OPINEL的碳鋼折刀，刃口鋒利，很適合用來料理食材。

BUCK的阿爾法獵人折刀，攜帶方便，硬度、韌度與耐腐蝕性也都很平均。

水滴狀刀尖、一體式刀莖的GERBER貝爾系列直刀，用途也很廣泛。

SPYDERCO的小瓢蟲三代折刀，防水性強，而且是款強調方便攜帶的迷你刀。

DELICA 4 FRN Plain Edge C11BK

得利卡 4 FRN 平刃折刀

「推出新裝置的革命性新品牌」

SPYDERCO

美國

「圓孔（round hole）」與「蜘蛛」標誌。
注入特殊風格的革新化，給予產業很大的衝擊，
而這衝擊大到幾乎改變潮流。

讓人單手就可以開合刀片的圓孔

折疊刀片上的圓型開孔（圓孔），也是SPYDERCO的商標之一，讓人可以單手開合刀片。另外，還有一點，為了收進口袋而附的迴紋夾，也是人們所熟悉的。

現在視為理所當然的這些配備，事實上，是這個新廠

視為特徵的圓孔

有個讓人可以單手展開刀片的圓孔。公司名稱與蜘蛛標誌，是取自歐洲一款高性能的敞篷雙門跑車「Spyder」。

1 使用大拇指

大拇指的指腹抵住圓孔。

2 讓刀片滑出

壓著圓孔，讓刀片順暢地滑出握把。

3 確認鎖定

刀片鎖定在完全展開的位置時，會聽到「咔」的一聲。確定鎖定了，再使用。

銳利的 VG-10

刀片長度為2.875英寸（約7.3cm）。鋼材是VG-10，是種非常銳利，強韌，且耐磨損的不鏽鋼。

刀具握把是 Zytel 材質

刀具握把是使用Zytel的玻璃纖維強化級尼龍塑造，握把內部則採用內層鋼質襯片，以求輕量化。由於有很強的耐水性，很適合戶外活動使用。

牌在1981年時發表的第一把刀，才開始有的。由於非常方便，在1991年瑞典與美國的聖母峰登山隊，就採用了SPYDERCO的刀作為裝備之一，這件事非常有名。

得利卡4FRN自1990年上市的20年以來，就一直是銷售最好的招牌商品，之後也有改良過幾次。協助代工生產的，是岐阜縣關市的GERBER・SAKAI公司。

「用SPYDERCO的鋸齒刀刃，切斷纜繩」

全長為7.125英寸（約18.1cm）。

刀具握把的材質是Zytel，即使被水弄濕，也不易滑手。

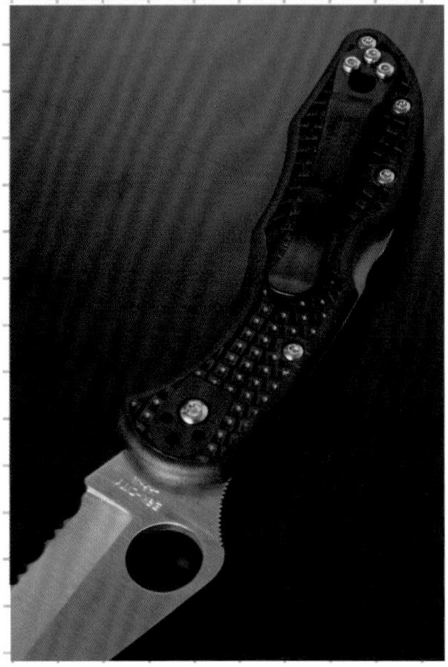

握把的雙面共有4個位置可以別上迴紋夾，無論右撇子或左撇子，使用上都很方便。

1990年開賣以來的暢銷產品，大受歡迎的得利卡4 FRN半齒折刀。SPYDERCO公司也致力於鋸齒刀刃的技術，並自稱其鋸齒刀刃為「SPYDERCO EDGE」。

DELICA 4 FRN Combination Edge C11BK

得利卡4 FRN 半齒折刀

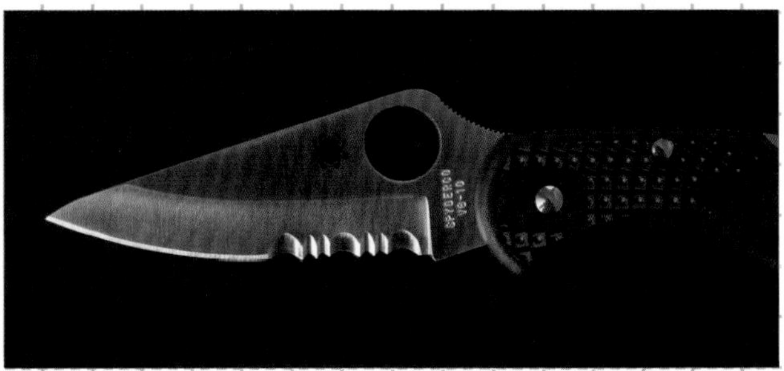

所謂的SPYDERCO EDGE，是由1個大的鋸齒與2個小的鋸齒，再以此類推重複的刀刃。

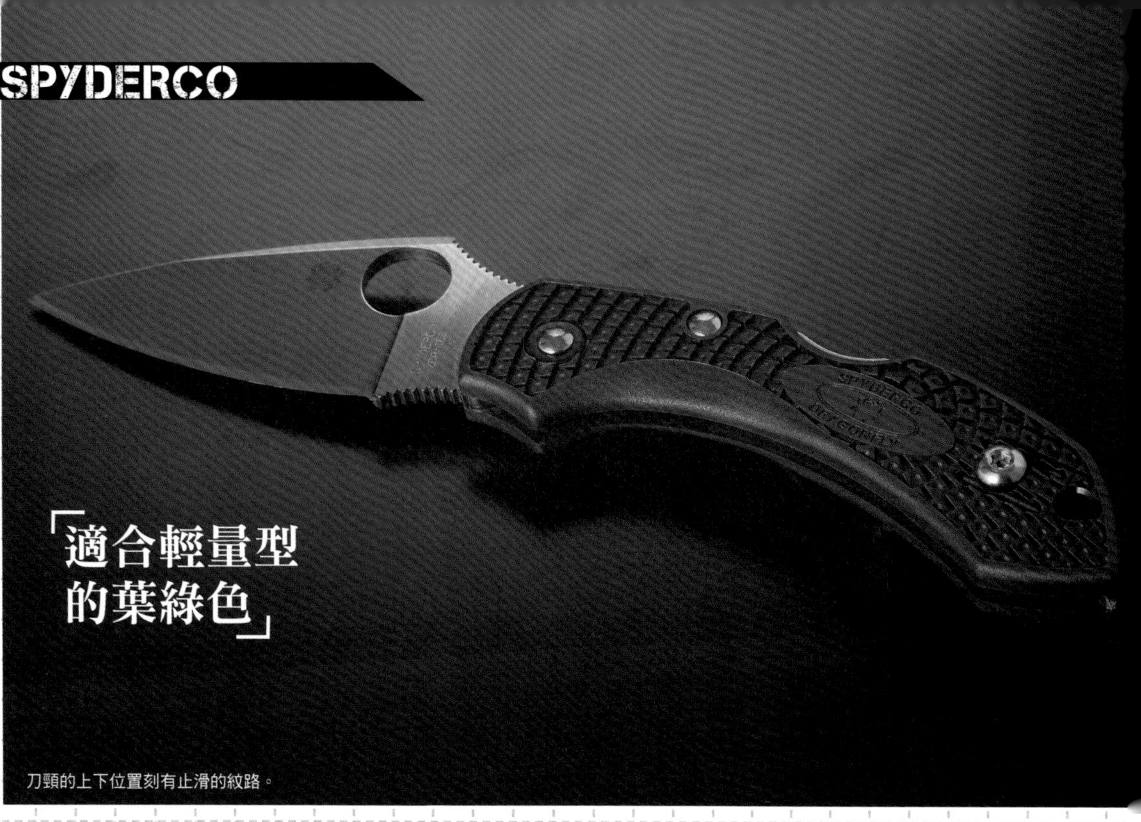

「適合輕量型的葉綠色」

刀頸的上下位置刻有止滑的紋路。

刀具握把的材質是Zytel。刀片收合時的長度為4.25英寸（約10.8cm）。

DELICA 4 FRN FOLIAGE GREEN C11FG

得利卡 4 FRN 葉綠色握把折刀

重量較輕，而且單手就能輕鬆操作。SPYDERCO公司長銷且暢銷的DELICA 4 FRN系列中，這款是平刃的刀片，葉綠色的握把。

刀片的厚度為0.093英寸（約0.25cm）。

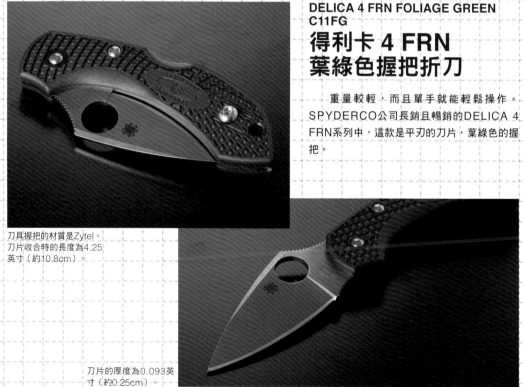

刀片收合時的長度為2.438英寸（約6.2cm），重量則僅有18g。

LADYBUG 3 BLACK FRN LBK3

小瓢蟲三代 LBK 系列折刀

SPYDERCO尺寸最小的折刀之一。相當於車鑰匙的大小，因此也可以掛在鑰匙圈上。麻雀雖小，由於是VG-10不鏽鋼的刀片，也能切割厚重的東西。

「尺寸最小的正統派」

刀具握把上有止滑的菱格刻紋。刀片收合時的長度為2.438英寸（約6.2cm）。

LADYBUG 3 SALT LYL3

小瓢蟲三代黃握把折刀

刀片使用防鏽鋼材H-1的刀款。不易生鏽、刃口鋒利、車鑰匙的大小、攜帶方便且防水性強，因此，最適合作為去溪流或海邊的夥伴。刀具握把的材質是玻璃纖維強化級尼龍塑造的Zytel。

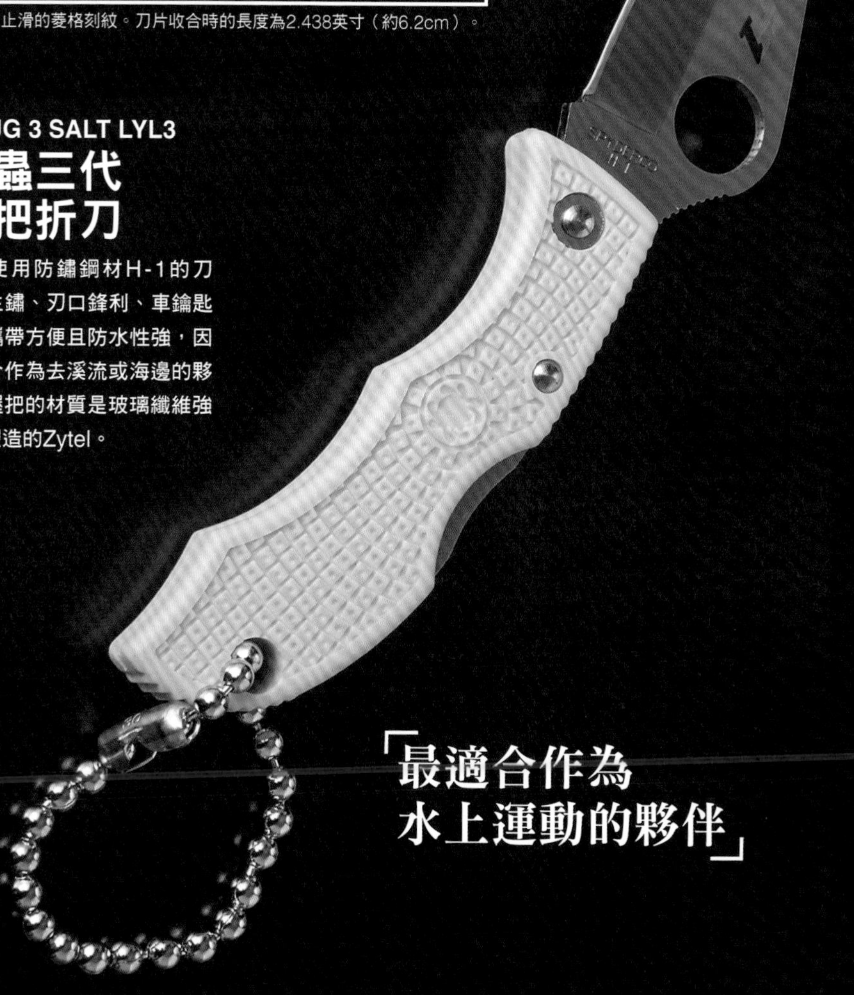

「最適合作為水上運動的夥伴」

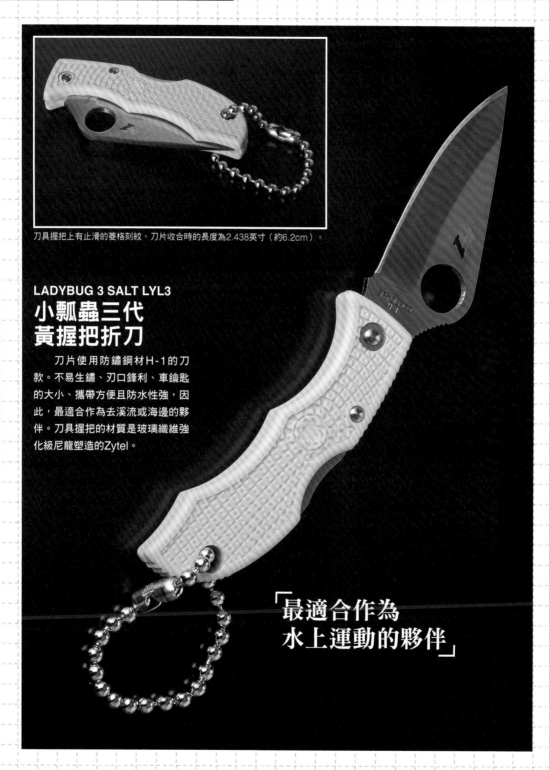

SALT 1（海人）YELLOW FRN C88YL

海人黃握把
水中折刀

得利卡刀款上配置的防鏽鋼材H-1不鏽鋼，在海邊使用後，只要簡單地水洗一下就好，可見它極佳的防鏽效果。H-1不鏽鋼是岐阜縣關市的GERBER・SAKAI公司研發且成功量產。SPYDERCO公司也注意到這個鋼材，並經過耐腐蝕的實驗後，SALT1誕生了。SALT1即使在鹽水裡浸泡24小時，然後就這麼放著1週，也幾乎沒有什麼鏽斑產生。

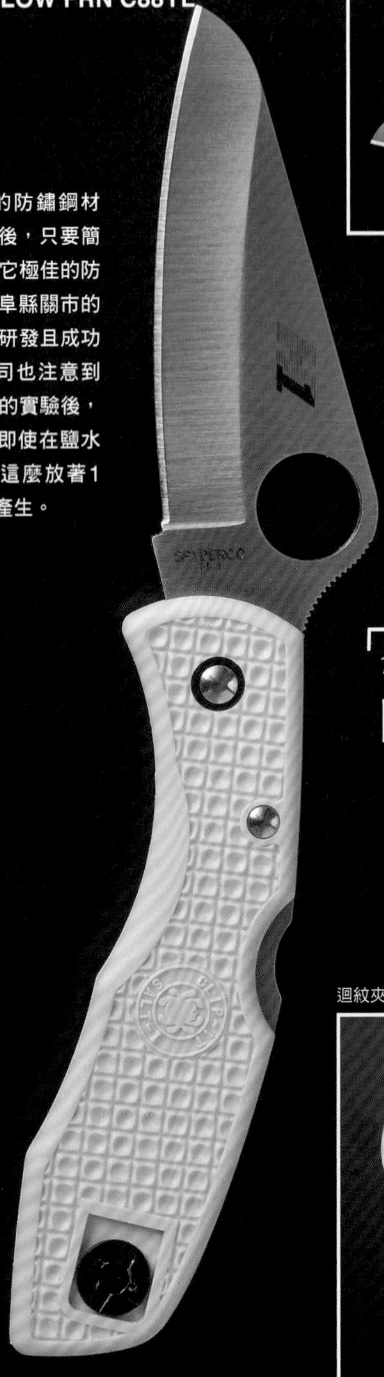

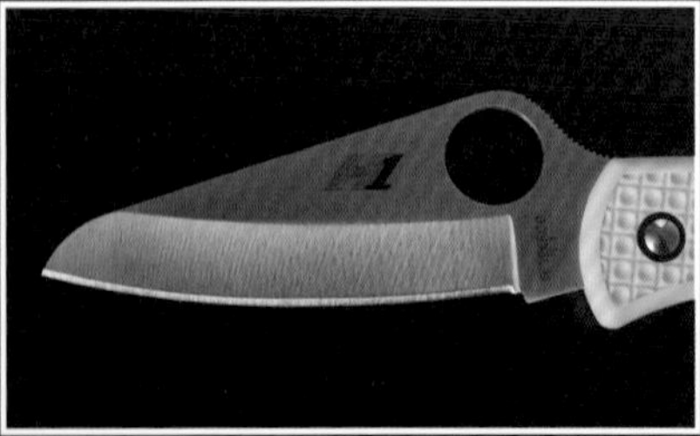

刀片的形狀是為了搭船或釣魚時使用而改良。

「發揮卓越的防鏽性！」

迴紋夾的螺絲變成中空的，可用來繫安全繩。

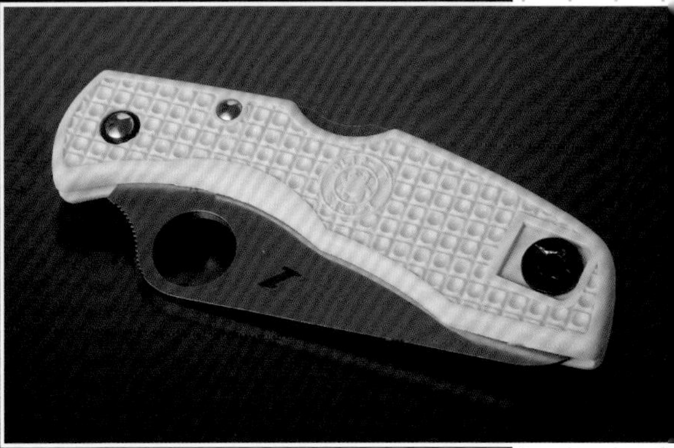

圓孔的直徑為14mm，即使帶上手套，或是手濕濕的，也能輕鬆操作。

COLUMN

日本刀的製作

聞名於世的關市的刀具製作

提到刀具，就不能不知道日本岐阜縣的關市，就是名刀「關之孫六」的關（SAKAI）。

關市製作刀劍的歷史相當久遠，要追溯到鎌倉時代。這個地區從以前就盛產製刀需要的碳與鑄燒時需要的黏土，很容易取得這些原料。因此，孕育出優良的鍛造刀刃文化。

製造從西方引進的近代刀，是在明治時代初期。福地廣右衛門這個人以德國製的口袋刀為範本，製造了第一把近代刀。之後，明治13年（西元1880年），關鐵物組合的成立，製作近代刀開始步入軌道。

聞名世界的契機，是GERBER・SAKAI的Silver Knight系列刀款。這是SAKAI與世界級製造廠商GERBER共同開發的，且以紳士用刀之名揚名國際的名刀。自此，GERBER・SAKAI就成了國際知名的日本刀品牌。

世界公認的好品質，是根基於日本刀時代所繼承的優良製鋼文化。Silver Knight系列刀款使用的「銀紙一號」，硬度HRC58、防鏽性強且易鍊造，可以說是製刀的理想鋼材。

AL MAR、KERSHAW等許多知名美國品牌的刀，其實也是在SAKAI製作的日本製刀。GERBER・SAKAI現在也負責SPYDERCO刀具公司的代工生產，量產壓倒性高防鏽的H1鋼材，製造出優秀的「海人」刀款。

另外，日本也有許多優秀的客製刀人才輩出。像是師承知名製刀師R.W. Loveless的相田義人，他熟悉R.W. Loveless的工法與系統，可說是R.W. Loveless的傳人，世界級的客製刀師傅。

GERBER・SAKAI負責製作SPYDERCO公司的「海人」。

符合人體工學的刀具握把

堅固的橡膠握把，是根據人體工學所製作。無論面對怎樣的天氣，都很好抓握。握把上還有Bear Grylls第一個字母的「BG」標誌。

「品質與耐久性受到好評的創新製造廠商」

GERBER

美國

日本人最熟悉的刀具製造廠商，應該就是「GERBER」了。雖然是老字號製造廠商，卻充滿劃時代的創意，進取心仍不減弱。

經常保持作時代先驅的態度

GERBER興起於1939年。

創始人Joseph Gerber原本是廣告公司的老闆，他做來當聖誕節禮物的料理用刀，廣受好評，因此決定轉型。

使公司名聲提高的是「Mark2」直刀，這把刀也是越戰中很重要的刀具之一。GERBER公司的風格是業界

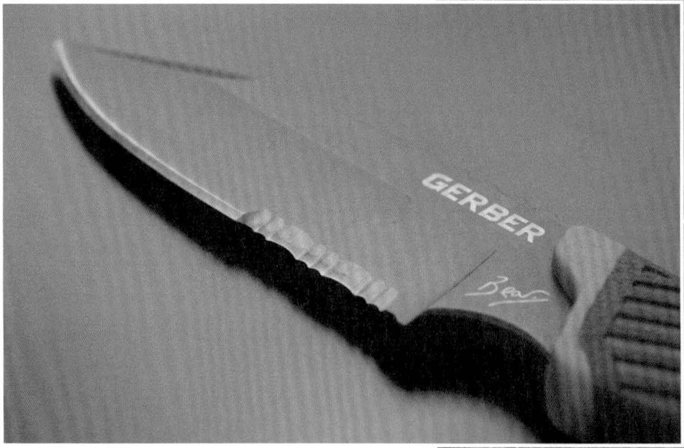

半鋸齒半平刃的刀片

半鋸齒半平刃的複合式刀刃。刀片長度為8.6cm，鋼材為7Cr17Mov不鏽鋼。塑膠製的刀鞘，握把上還附有皮繩。

Bear Grylls Compact Fixed Blade

貝爾系列半齒直刀

最適合到森林一日遊時使用

由於是堅固的一體式刀莖構造，面對野外艱困環境，也很耐用，最適合到森林一日遊時使用。

少見的創新製造廠商，例如「Armohide刀具握把」，這是種在與刀片一體化的鋁製握把上，以樹脂做塗層處理的材質。GERBER經常保持作時代先驅的態度，也有許多像Al Mar這樣的刀具設計人才輩出。

近年，與英軍皇家SAS特種空勤團出身的冒險家Bear Grylls合作，開發了「Bear Grylls Compact」系列刀款。

Bear Grylls Ultra Compact Fixed Blade

貝爾系列
平刃直刀

Bear Grylls Compact升級版的直刀。設計概念是能固定在靴子或皮帶上，也可當作項鍊垂掛在脖子上。行動時不會造成阻礙，而且刀片能夠迅速拆除，真的是非常適合野外活動的一把刀。

刀片長度為3.25英寸（約8.3cm）。鋼材為7Cr17Mov不鏽鋼。

堅固的一體式刀莖構造。由於有食指處的指溝，以及刀背的菱格刻紋，握刀時能夠牢牢抓握。

「為了帶到
野外行走」

玻璃纖維強化級尼龍塑造的握把，並有止滑的刻紋，是種符合人體工學的構造。

鎖定方式為正統背鎖式。解除鎖定時，操作的動作，手會記得那良好的感覺。

刀片長度為1.96英寸（約5.0cm）。鋼材為420高碳鋼，鋒利的水滴狀刀尖。

「為追求輕巧，專注於製刀材質」

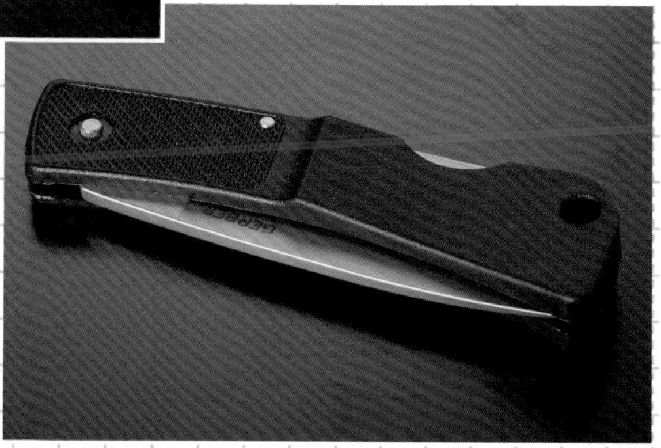

刀具握把的材質是玻璃纖維強化級尼龍塑造，重量為0.6盎司（約17g）。

ULTRALIGHT LST
超輕型平刃折刀

LST指的是輕巧、堅固與強韌（Light, Strong, and Tough）。這款刀誕生於1980年，由Joseph Gerber的兒子Pete Gerber與刀具設計師Blackie Collins，以刀具從未有過的輕盈為目標所設計的。使用合成材質製作刀具握把的先驅，就是這把刀。

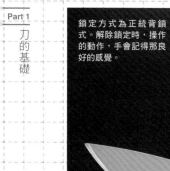

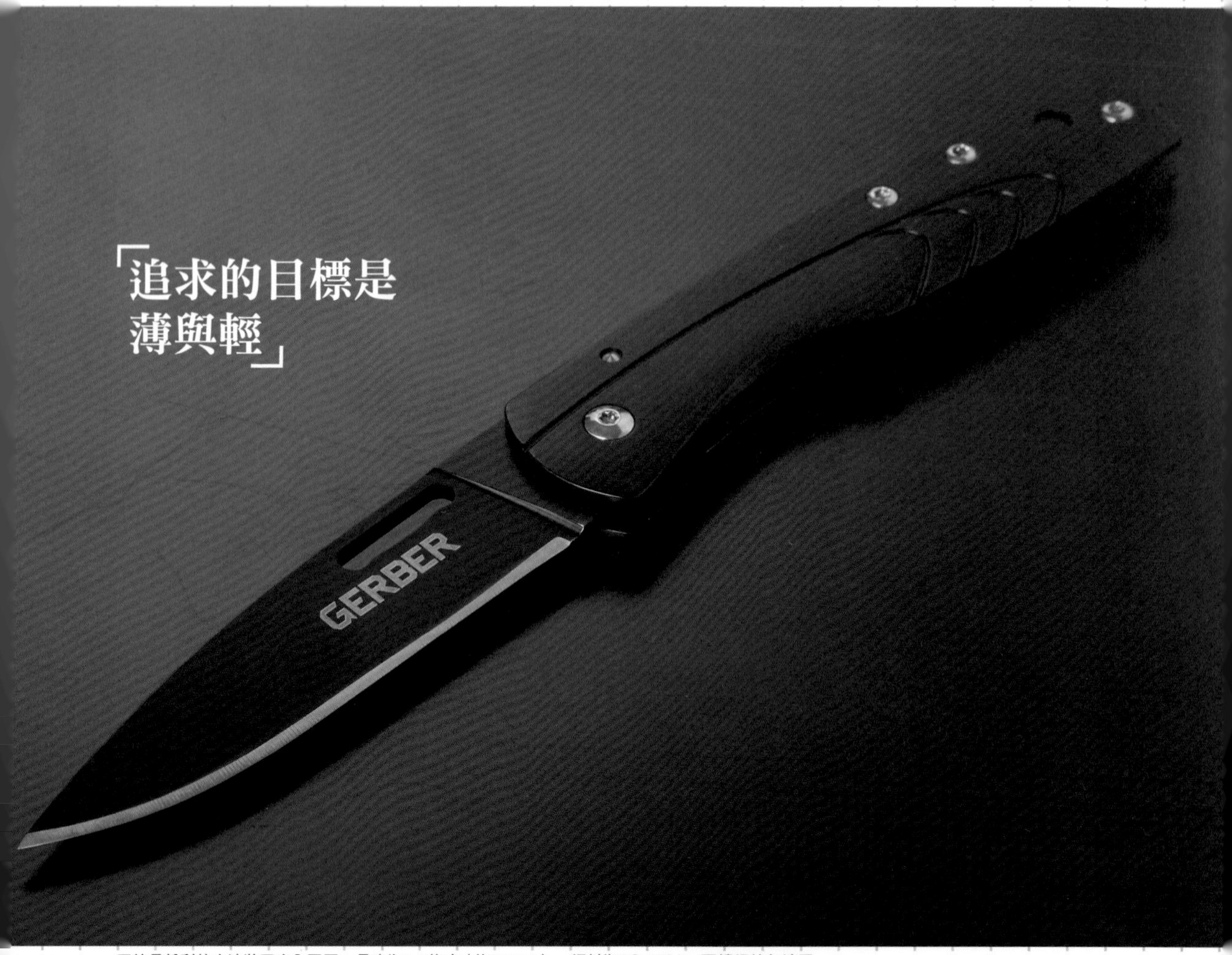

「追求的目標是薄與輕」

刀片是銳利的水滴狀刀尖全平刃，長度為2.6英寸（約6.6cm）。鋼材為7Cr17Mov不鏽鋼鈦色塗層。

STL 2.5 Drop Point, Fine Edge

STL 2.5 水滴型平刃折刀

STL指的是堅固、細長、輕巧（Strong-Thin-Light）。不鏽鋼製的握把很輕薄，可以收進口袋或是手提行李內。作為房間內的日常用品也可以，到溪流處也能活用這把刀。

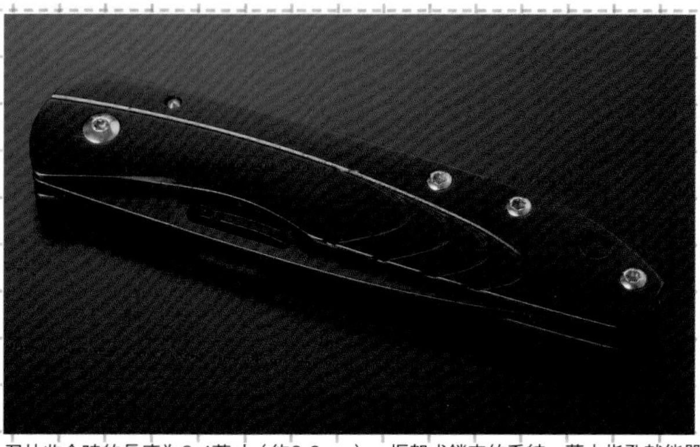

刀片收合時的長度為3.4英寸（約8.6cm）。框架式鎖定的系統，藉由指孔就能單手展開刀片。

COLUMN

令人嚮往的客製刀世界

對於製刀有難以估計的影響，傳奇的兩人

本書中介紹的刀具，是以在頗具規模的公司或工廠大量生產的「名廠刀具」與「量產刀具（mass production）」的製品為主。主要是考量到，這2種都是保有一定的高品質，而且人人能輕鬆入手的優良刀具。

然而，在刀具的業界裡，以製作方法來區分，還有另一種類型。那就是刀具設計師手工製作的「客製刀」，換句話說，是獨一無二的一把刀。當然，價格高昂，但是，總是抱有份憧憬，希望有天能擁有一把。

首先，在客製刀業界，有一位被稱為「刀之神」的R.W. Loveless。

他採用從刀具用的厚板鋼材直接磨削出刀具的磨除法（Stock Removal），再來做細部的修飾。由於這個方法可以隨心所欲地進行設計，展現了極致機能美的風格。Loveless為了尋找適合此製刀法的鋼材，也投注許多心血，終於找到了特殊鋼材154・CM。另外，研發出水滴狀刀尖與錐形一體式刀莖，並製作出美式袋囊的刀鞘。在製刀界掀起了革命，是個讓今日刀具品質與製刀法一躍而起的重要人物。

與Loveless齊名，被稱為兩大巨匠之一的客製刀始祖W.D. Randall，暱稱Bo Randall。他是奠定戶外活動暨運動用刀的重要人物。Randall刀是使用槌子打造碳鋼的鍛造法中，最具代表性的刀。他的傳統刀款很受歡迎，甚至被視為美式刀的典型，在全美各地的博物館內展示，可見其盛名。在當時是所有從事戶外活動的人們最想要的一把刀，至今仍不減其受歡迎的程度。

列舉這兩位作為開端，之後各位就會去瞭解各個客製刀製作者們的技術與個性，可說是令人嚮往的客製刀世界。

其他有名的客製刀製作者們

T.M. Dowell	R.W. Loveless創立的美國客製刀製作者協會（American Knifemakers Guild, AKG）的第二代會長，他製作了獨特的刀片與刀頸一體成型（integral hilt）的露營用刀。
A.G. Russel	因為重製摩西刀（Moses Knife）而出名。和R.W. Loveless一同為創立美國客製刀製作者協會而奔走，協會成立後，他也成了榮譽會長。
S.R. Johnson	自1971年就是R.W. Loveless的夥伴，兩人一起工作，可說是Loveless最優秀的徒弟。至今仍是客製刀界的傳奇人物。
John Young	勝過Loveless製刀，是最受歡迎的客製刀製作者。準確的研磨技術、完美的結實度與外觀，可謂真工夫。
相田義人	熟悉R.W. Loveless的製刀工法與系統，唯一一位與Loveless同樣允許刻上「riverside west」刻印的人，可說是Loveless的正統繼承者。
松田菊男	以卓越的研磨技術，受到世界矚目的關市刀具製作者。他所製作的刀品質之高，還被美國Arcadia市的警察SWAT隊正式採用。

Beech Carbon steel No6, No9, No12

櫸木握把
碳鋼折刀

OPINEL

法國

走進戶外用品店，
幾乎一定會看到OPINEL的刀。
因為方便又自然，所以時尚又可愛，
這份親切感，就是受歡迎的祕訣吧。

輕巧且刃口非常鋒利，令人安心的一把刀

每10秒鐘，世界上的某處就賣出一把OPINEL。

一點開OPINEL的網頁，就會被上頭顯示的數字嚇一跳，不過這是真的吧，畢竟這把刀超過120年，以歐洲為中心，受到世界各地人們的喜愛。

無論你要健走、露營或釣魚，再也找不到這麼好用的戶外活動用刀了。輕巧、刃口鋒利、價格實惠，而且有各種不同尺寸，供顧客選擇自己喜歡的。標準尺寸的NO.8，刀刃長度為8.5cm。據說在法國，如果要去小酒館，大家都會放一把NO.8在口袋裡。

鋼材則是從碳鋼和不鏽鋼中選用。在此列舉出碳鋼製的NO.6、NO.9與NO.12來比較看看。

3把並排在一起，就看出大小的不同。尺寸最小的NO.6，刀片長度為7cm；NO.7則為8cm，足夠用來料理淡水魚。NO.12的刀片長度為12cm，可以用來切割牛排等較厚的肉。

「世界上從事戶外活動人士喜愛的名作」

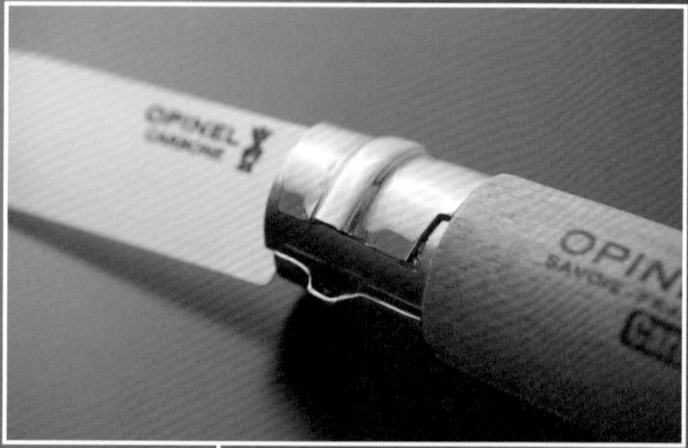

1955年開發的「戒形鎖（Virobloc）」刀片鎖定系統，帶來很大的革新。

OPINEL的刀具握把幾乎都是櫸木製，也有使用胡桃木、黃楊木等。

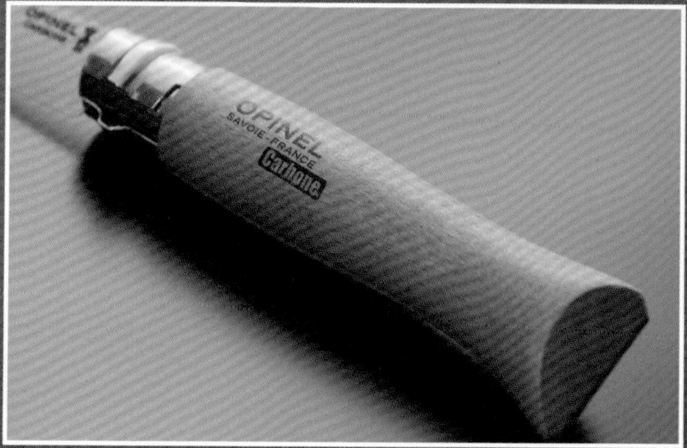

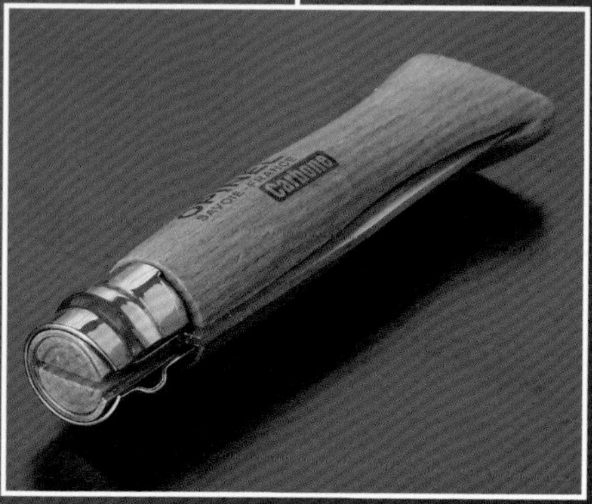

「戒形鎖（Virobloc）」刀片鎖定系統，即使在刀片收合時，也能好好固定住刀片。

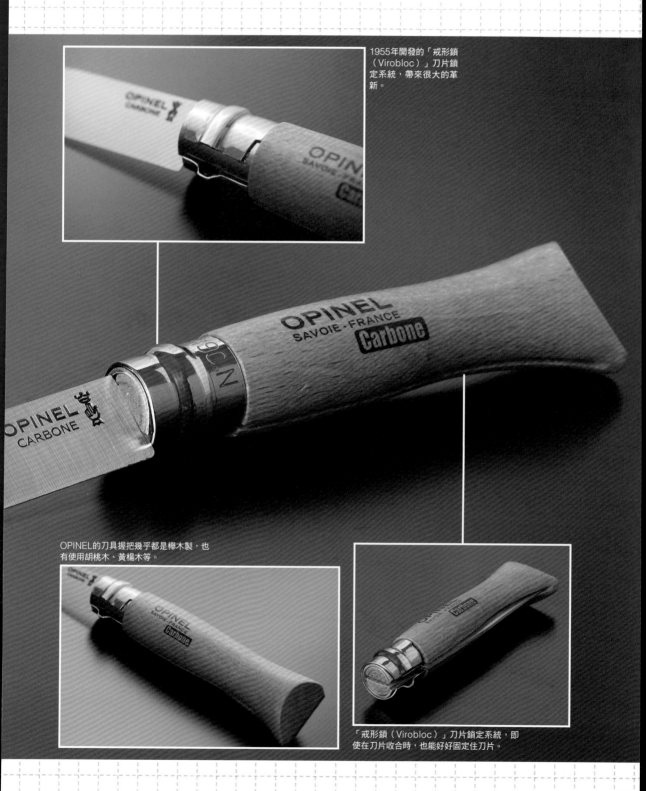

「被加冕的手」的標誌，在1909年時已註冊商標。

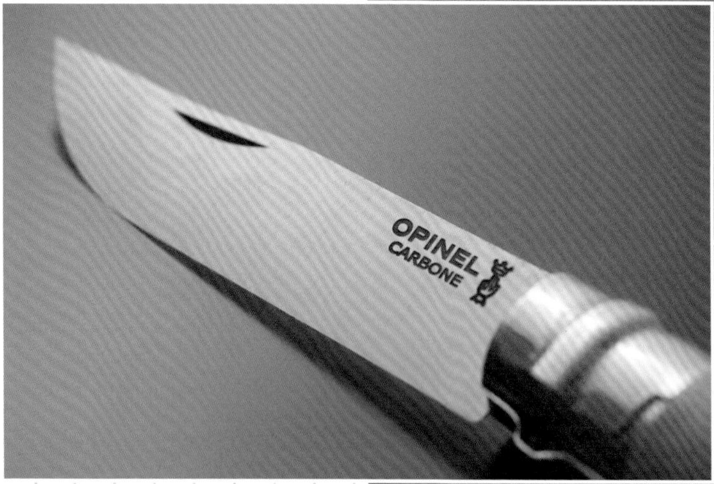

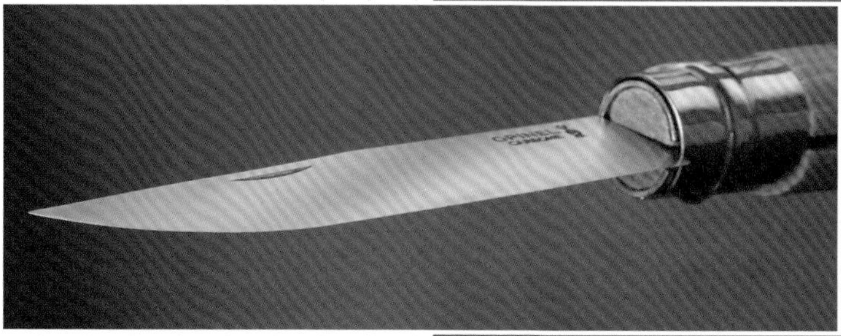

刀片像菜刀一樣薄，這是它好切的祕訣。只是由於碳鋼容易生鏽，在使用過後，要仔細擦拭，再用油保養，會比較好。

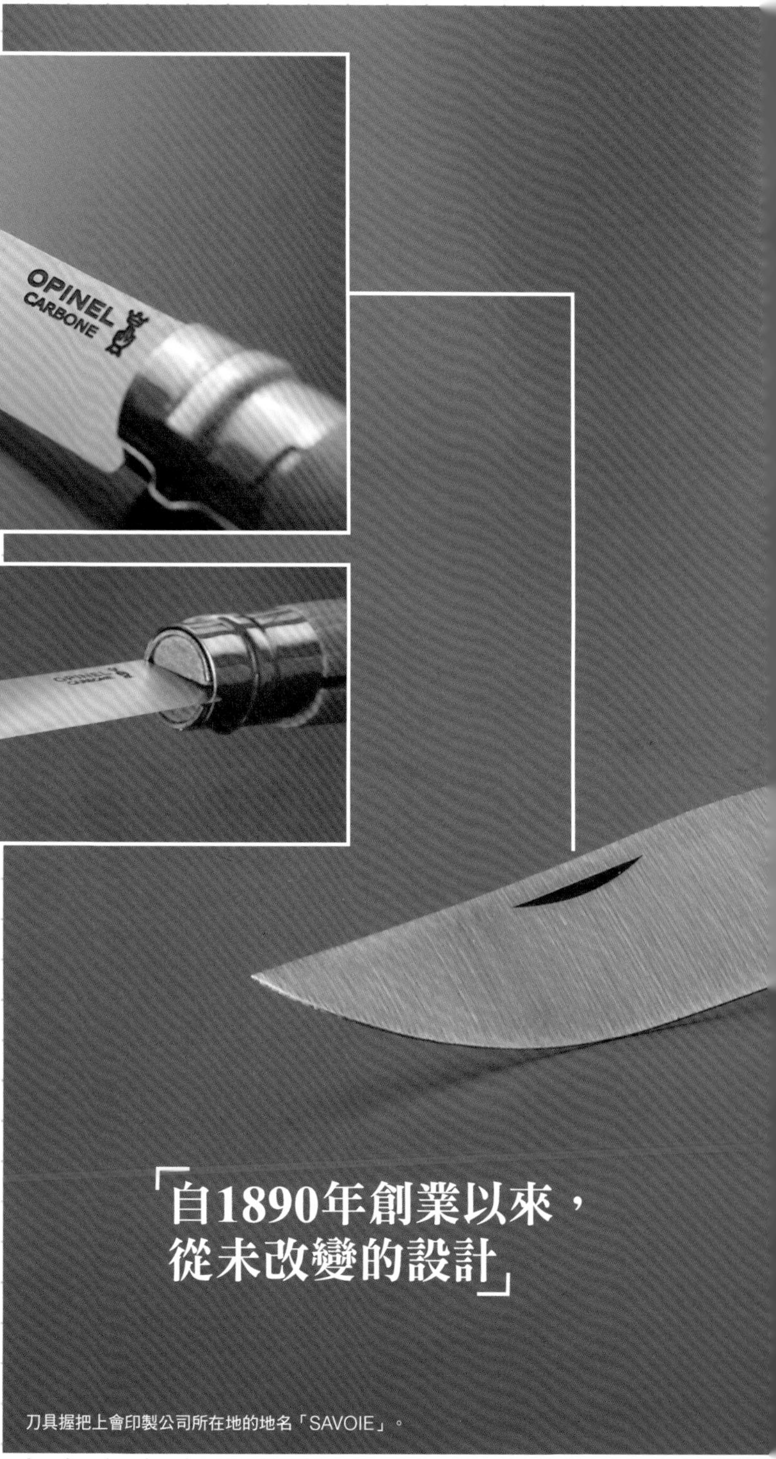

「自1890年創業以來，從未改變的設計」

刀具握把上會印製公司所在地的地名「SAVOIE」。

簡單造形中的「形式美」

雖然造型簡單，但是它的直線與曲線都很美，是款百看不膩的設計。創始人Joseph Opinel自完成這把刀以來，在這120年間，幾乎沒有改變這款設計。1985年，與保時捷（Porsche）、勞力士（Rolex）等，一同被倫敦的維多利亞與艾伯特博物館（Victoria and Albert Museum）選為「世界上最美麗的百大設計品」。

取出刀片的方法

OPINEL的刀片鎖定系統是戒形鎖（Virobloc）。當你旋轉戒形鎖，將鎖的開口對齊握把上的溝縫（slot），就可以開合刀片；而當鎖的開口與握把上的溝縫沒有對齊時，刀刃就鎖定了。這樣既不會割傷自己的手指，也能安全、確實地展開刀片。

1

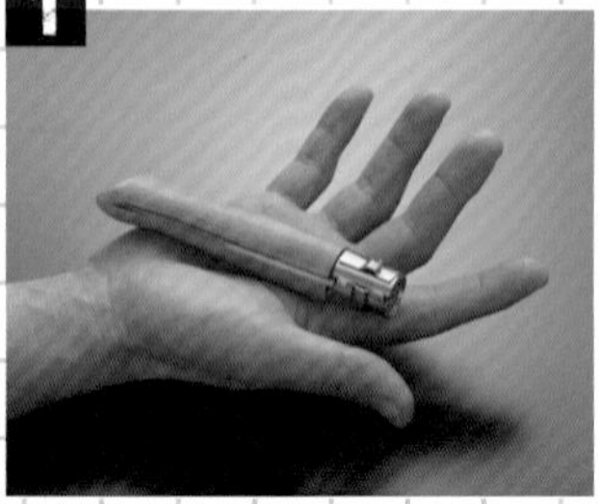

放在右手

將刀具放在右手，而且握把上的溝縫不要朝下比較好。

2

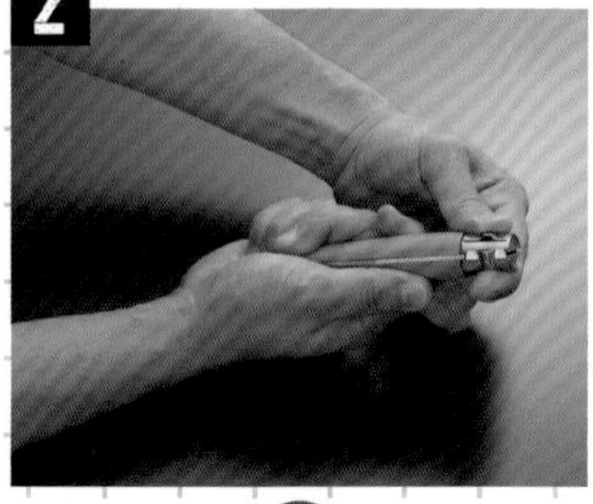

旋轉戒形鎖

旋轉戒形鎖以解除鎖定，並尋找鎖的開口。

3

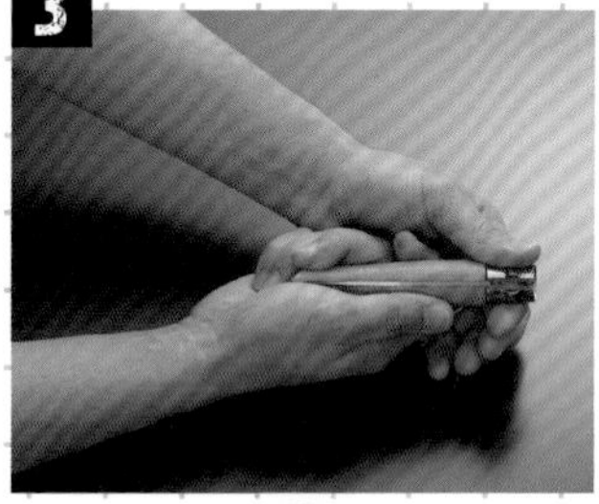

解除鎖定

旋轉戒形鎖，使鎖的開口對齊握把上的溝縫。

4

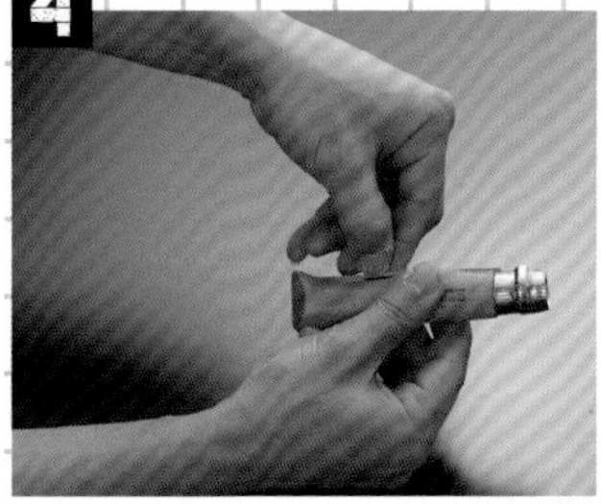

拉出刀片

大拇指的指甲抵著刀片上的指溝，以拉出刀片。

5

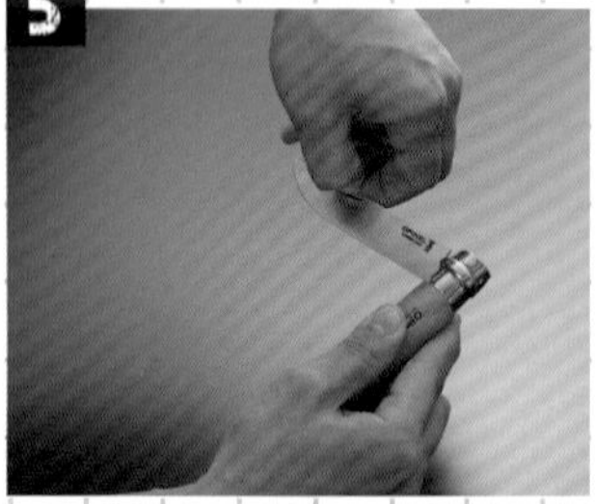

展開刀片

當拉出刀片後，再順勢展開刀片。

6

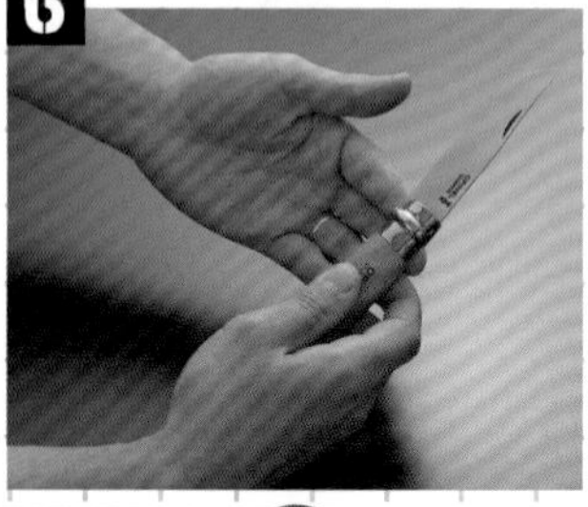

讓刀片呈筆直狀

直到刀片呈筆直狀才停止展開動作。

7

旋轉戒形鎖

刀片展開後，也要旋轉戒形鎖，以鎖定刀刃。

8

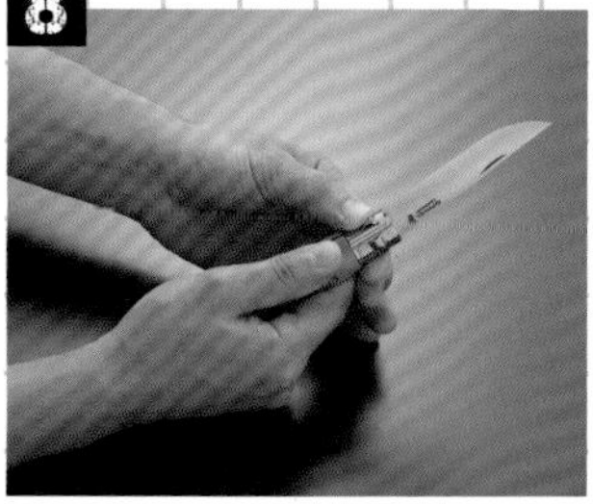

鎖定刀刃

使鎖的開口與握把上的溝縫不要對齊，並確認刀刃是否已鎖定。

PART 4

研磨方法與保養

得到了一把心儀的刀，想要好好使用它～是不是能夠成為長久的夥伴，那就端看相處方式了。特別需要照顧的就是「刀刃」。要想保持刀口鋒利，就得靠「研磨」，但是要怎麼做才是正確的研磨方式呢？保養又要怎麼做才好呢？而保管、整理呢？在此章節將要讓你好好瞭解。

刀具的研磨方法

重要的是，必須養成能夠自己磨刀的習慣

如果得到了一把刀，就會漸漸想要自己磨刀。無論是多鋒利的刀片，只要使用，就一定會逐漸變鈍。變鈍的刀，只能用磨刀石來研磨。換句話說，為了要讓刀經常保持在最佳狀態，重要的是，平常就必須養成能夠自己磨刀的習慣。

磨刀石分為油石與水石2類

用來磨刀的磨刀石，有用油的油石與用水的水石。有些人會覺得油石對刀具本身比較好，事實上，兩者都很好。

硬要比較的話，一般來說碳鋼刀比較適合水石，不鏽鋼刀則用油石。而用水石研磨後，一定要把刀上的水擦乾。

另外，磨刀石有分天然石材和人工石材。天然石材中，阿肯色石（arkansas stone）比較有名；人工石材則有陶瓷製的與加入人工鑽石的磨刀石。只要是值得信賴的店家，無論天然石材或人工石材，應該都不會有問題。

另一方面，磨刀石依據顆粒的粗細，分為粗磨刀石、中等磨刀石與細磨刀石。初學者的話，一塊中等磨刀石就很夠用了。而當刀刃磨損非常嚴重、或是有缺口時，才要用粗磨刀石來修整。

最重要的一點就是，維持同一個角度來研磨

磨刀的時候，最重要的一點就是，要始終維持同一個角度來研磨。一般來說，刀刃與磨刀石之間呈現15～30度，是最合適的角度。如果是初學者，維持在20度左右的基準就可以了。

在這裡希望大家注意的是，所謂的20度角，是指兩刃加起來20度，因此，刀刃與磨刀石之間的角度，變成20度的一半，10度。

磨刀時，先將磨刀石固定在不會滑動的濕毛巾上，接著，在磨刀石的表面，潑灑研磨用油（honing oil）或水。

以畫弧線方式，從磨刀石的內側往自己方向研磨

右手握住刀具握把，左手靠在刀片上。以想要研磨的角度，將刀片放在磨刀石離自己較遠的那側，從較遠的那側往離自己較近的方向，從刀根到刀尖，一口氣向後拉。刀刃兩面的研磨方向，都是從離自己較遠處推到離自己較近處。重點是，要以畫弧線方式研磨。從弧形刀刃到刀尖，都要讓刀片維持在一定的角度上研磨。

單面研磨約20～25下左右，是一般的標準。研磨過的刀刃，如果相反面出現毛邊的話，就將刀具換個方向，研磨有毛邊的那一面刀刃。

雖然要一直維持在同一個角度有點困難，但是就只能不斷練習並熟記。

◆用磨刀石磨刀

自己磨刀是基本功，多練習幾次就會熟練了。
想要練習磨刀的人，最好買比較便宜的刀來練。

使用刀具、磨刀石、研磨用油或水、止滑的濕毛巾和乾毛巾等。

刀刃朝自己

1

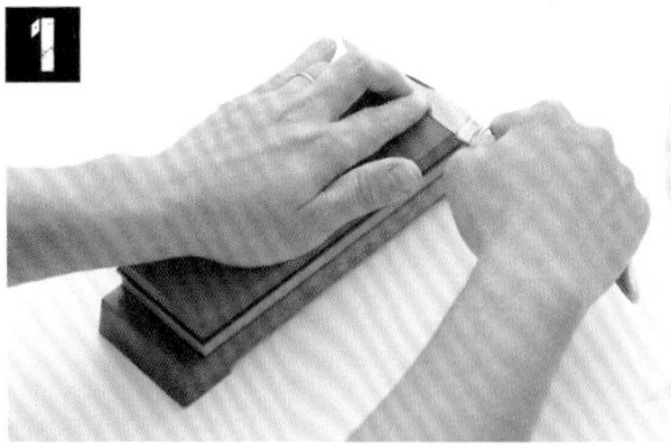

將刀刃朝自己的刀，放在已潑灑了水或研磨用油的磨刀石上，右手握住刀具握把，左手手指靠在刀片上。

2

刀刃朝自己，將刀片往自己的方向拉。請注意，不要改變刀刃與磨刀石相抵的角度。

3

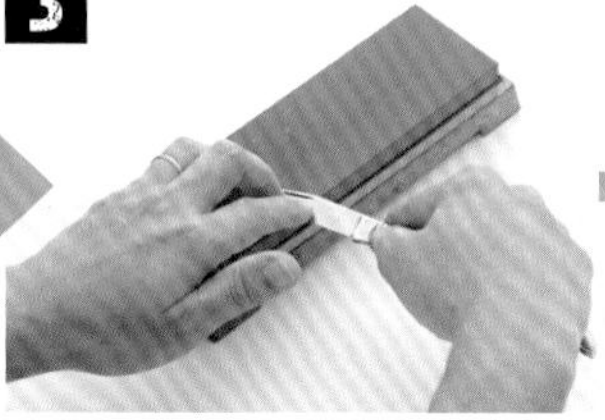

要訣就是，刀片要以畫弧線方式研磨。

4

最後讓刀片稍微站立，研磨弧形刀刃到刀尖這段。

刀刃朝外側

1

將刀刃朝外，右手握住刀具握把，左手手指靠在刀背上。

從稍微站立的部分開始，研磨弧形刀刃到刀尖這段。

大型刀的情況

如果是大型刀無法一口氣從刀根磨到刀尖的話，也可以分成數個等分來研磨。

2

不要改變角度，往自己方向拉。

3

漸漸回到和磨刀石平行的角度。

4

拉到靠近自己前方的磨刀石邊緣處。

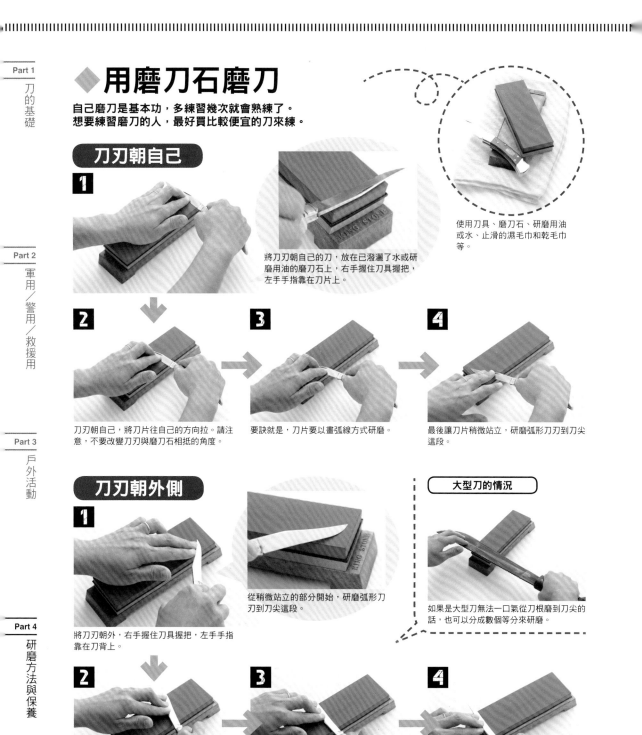

使用夾式磨刀器來研磨

不需要很困難的技術，就能維持在一定的角度研磨

磨刀時重要的是，刀片和磨刀石要維持在一定的角度。但是，實際操作並不像口頭上說的那麼簡單。對於初學者來說，要練到很熟練，可以說是很難的技術吧。

可以讓即使是初學者的人，也不用在意刀刃的角度，就能夠簡單又確實的磨刀，就屬「夾式磨刀器」了。

將刀具用螺絲固定在「夾子」這個工具上，使用附有長桿子的磨刀石，就能以一定的角度從刀根研磨到刀尖。

通常只要重複練習很多次，就能學會維持在同一個角度磨刀的技術，但是使用這個夾式磨刀器，就完全沒有必要去學這麼困難的技術。既不會傷到心愛刀具的刀片，從刀片的頭到尾，也都能研磨得平均又銳利。

將刀安裝在夾子上，使用專門的磨刀石與桿子來研磨

做法很簡單。首先，將刀具安裝在夾子上，即是夾住刀片，再用螺絲栓緊。這時要將刀具與夾子以90度直角固定。

下一步是將磨刀石接上桿子。鬆開磨刀石上的螺絲，將磨刀石插入桿子較短的那一端後再拴緊。重要的是，桿子和磨刀石要呈現平行的狀態。

接著，在磨刀石上潑灑研磨油。灑上幾滴後，用手指塗抹到整塊磨刀石上。

準備妥當後，將桿子插入所需要角度的洞孔。供選擇的洞孔有17度、20度、25度與30度。如果你要用20度來研磨刀刃，就插入20度的洞孔即可。當你在磨刀石上磨擦刀片，就能夠準確地依照所設定的20度角來研磨。

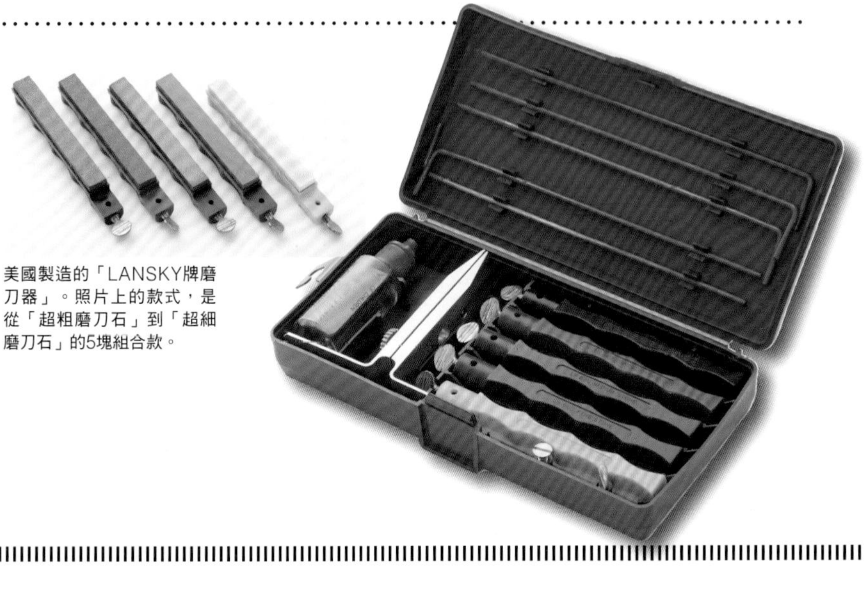

美國製造的「LANSKY牌磨刀器」。照片上的款式，是從「超粗磨刀石」到「超細磨刀石」的5塊組合款。

◆使用夾式磨刀器來研磨

1 安裝刀具到夾子上。鬆開螺絲，夾住刀背，刀具與夾子以90度直角固定。

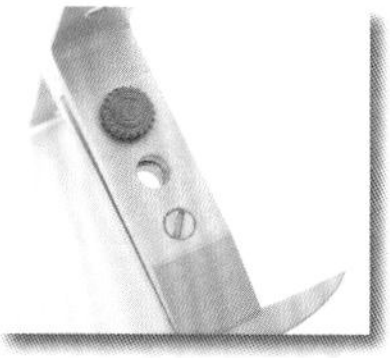

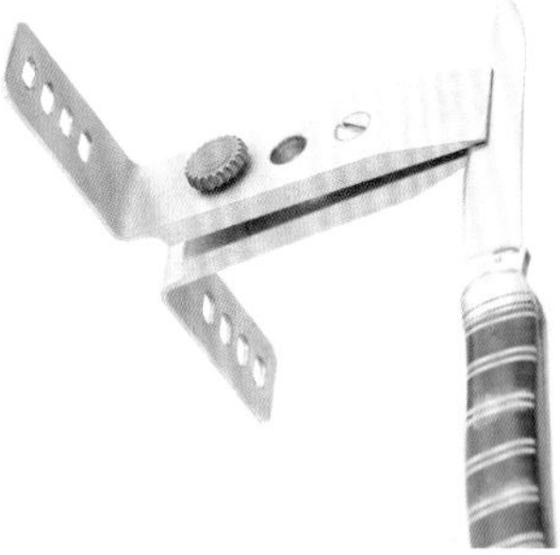

2 將磨刀石接桿子。

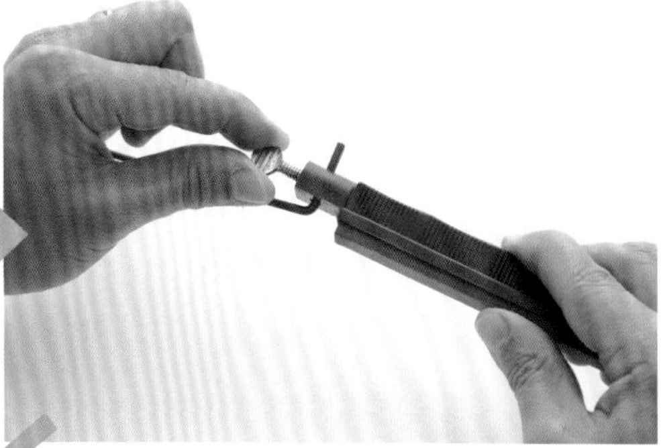

3 滴研磨油在磨刀石上，再用手指塗抹。

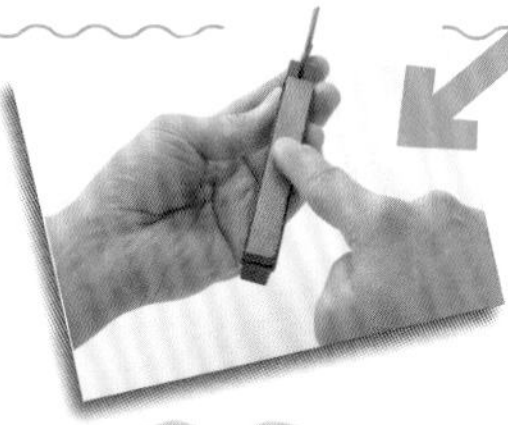

4 將桿子插入所需要的角度洞孔。有17度、20度、25度與30度可選擇。

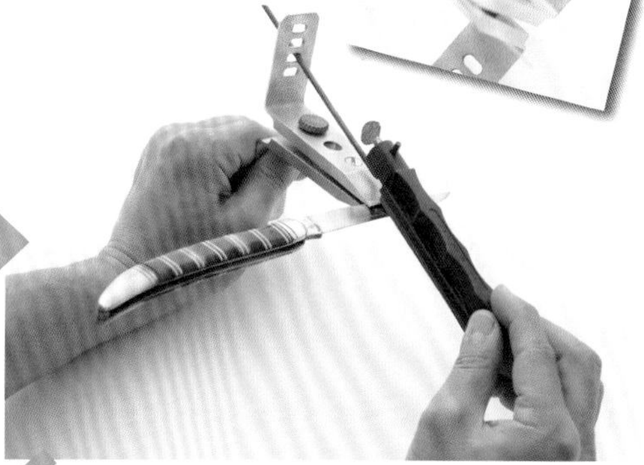

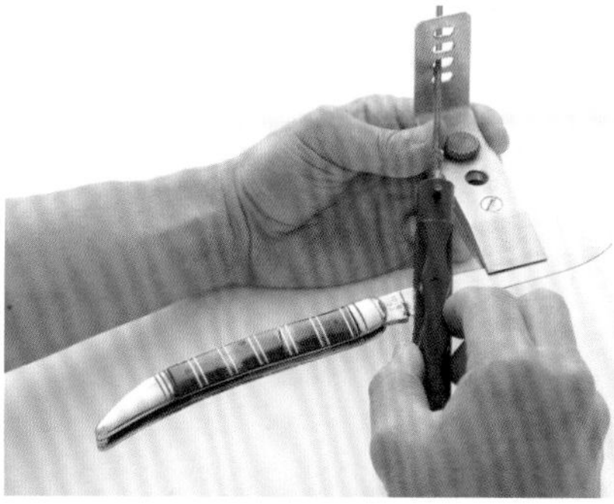

5 將磨刀石抵住刀片，從刀根開始研磨。

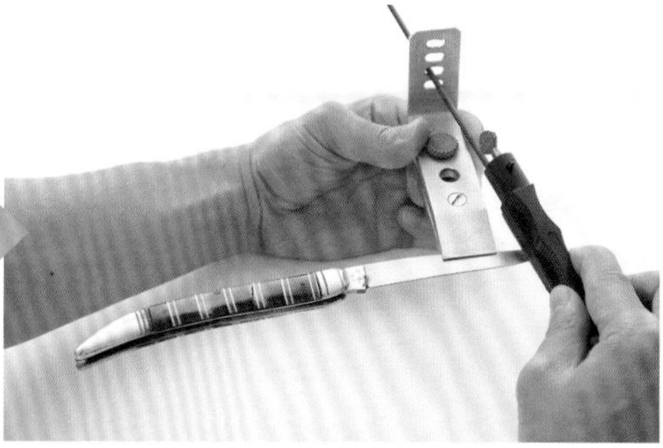

6 上下磨擦的同時，往刀尖移動。重複幾次後，刀片的另一面也是用一樣的方法來研磨。

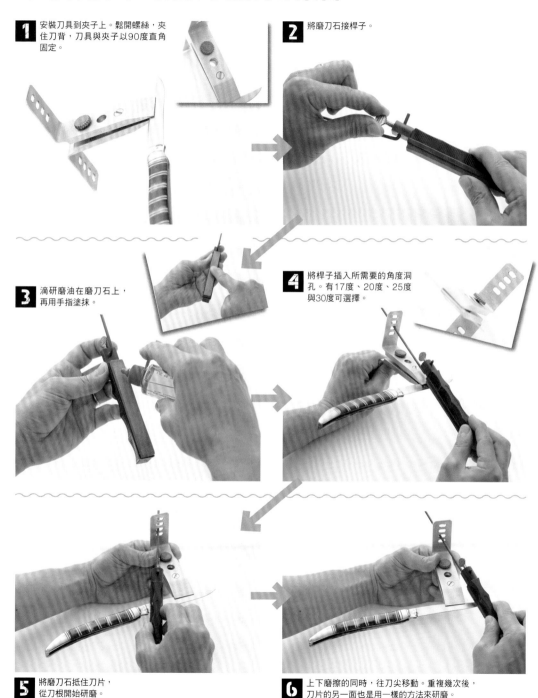

稍微修整一下刀刃

提高安全性的安全鎖裝置

到野外去時，攜帶的行李必須越少越好，在這種沒有磨刀石的情況下，當刀刃變鈍時，該怎麼辦才好？遇上這種情況，只要「touch up」，就能使刀刃暫時變回原本的鋒利度。

舉例來說，大家應該有看過，廚師會將料理用的菜刀在某個棒狀物東西上磨擦吧？那個動作就是touch up（稍微修整一下）。菜刀的刀刃藉由磨擦，就可以暫時變回原本的鋒利度。

將刀刃放大來看，其實刀刃前端是凹凸不平的鋸齒形狀，每次使用時，鋸齒的高峰處會磨損、捲曲，刀刃就會變鈍；而當鋸齒的低谷處堆積了油脂，刀刃就會變平滑、變難切。touch up的目的，就是使高峰處恢復尖銳、鋸齒不再捲曲，並剔除油脂。

那麼，如果是刀具要用什麼東西來touch up呢？事實上，散落在河岸邊平坦的石頭，也可以拿來磨刀，畢竟磨刀石原本就是使用天然石頭做的。

雖說如此，初學者在一開始就使用天然石頭來磨刀，反而會弄傷刀具也說不定。一般都是使用磨刀棒、口袋型磨刀石或金屬磨刀器，來幫刀具做修整。

在此舉一個例子給大家，就是GERBER公司的「多功能戶外磨刀器（Myth FIELD SHARPENER）」。這樣一個工具就有2個金剛石塗層的磨刀棒，並附有陶瓷面與碳合金面的兩副磨刀器。

將刀片抵在磨刀棒上，從刀片的一端到另一端，一口氣往自己的方向磨擦下拉即可。而口袋型磨刀器，由於有個V字型的凹槽，使用方式就是將刀刃夾入凹槽內研磨。

請注意，touch up只是種暫時的處理方式，不代表稍微修整一下後，就不須再用磨刀石來研磨。

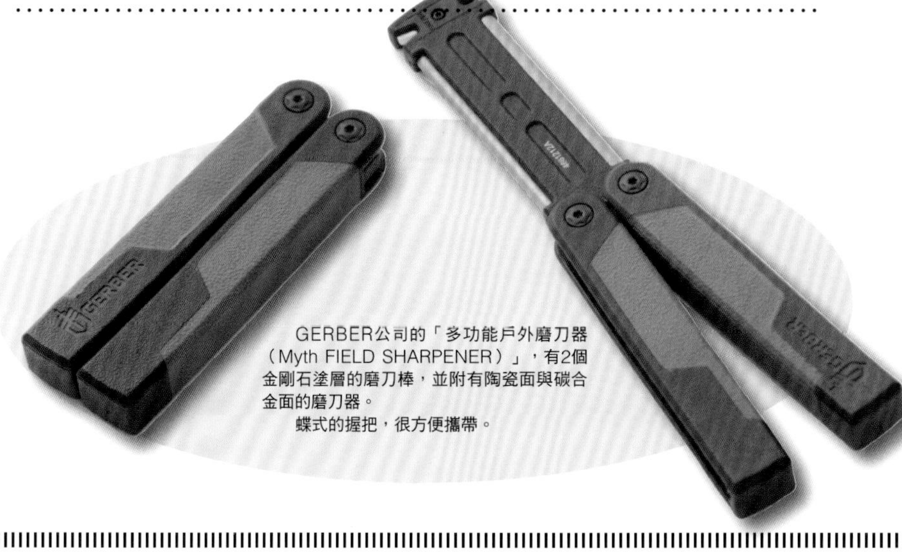

GERBER公司的「多功能戶外磨刀器（Myth FIELD SHARPENER）」，有2個金剛石塗層的磨刀棒，並附有陶瓷面與碳合金面的磨刀器。
蝶式的握把，很方便攜帶。

◆稍微修整一下刀刃

磨刀棒（從刀尖到刀頸）

1

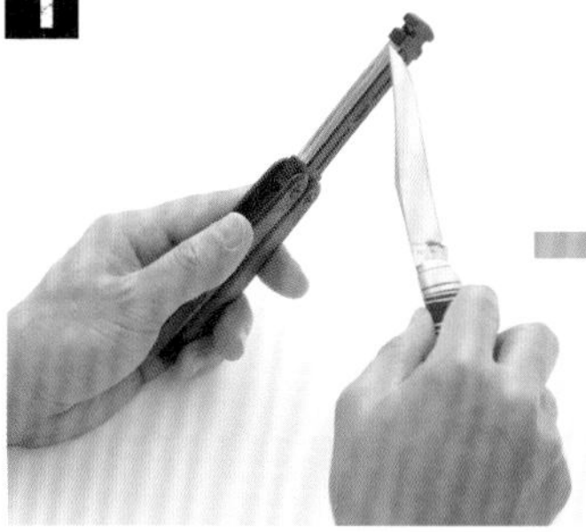

2

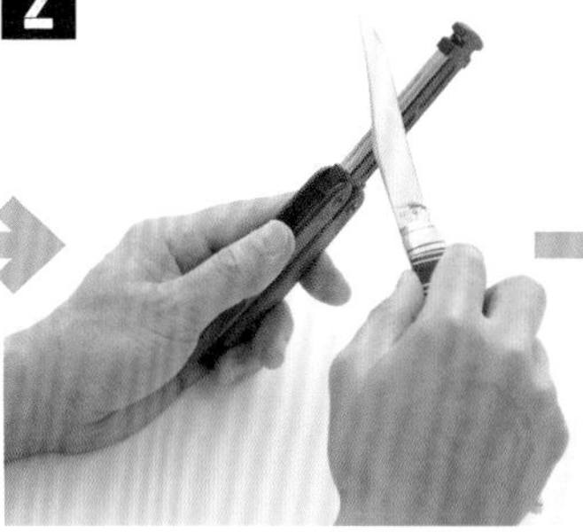

3

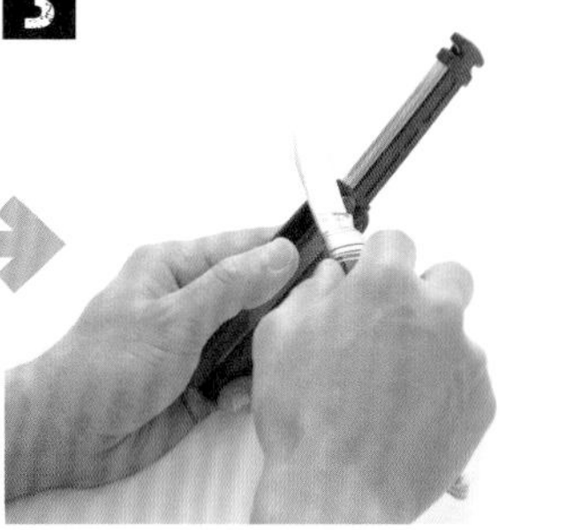

將刀片抵在磨刀棒（sharpening rod）上，從刀尖到刀頸，往自己的方向下拉、磨擦。

磨刀棒（從刀頸到刀尖）

1

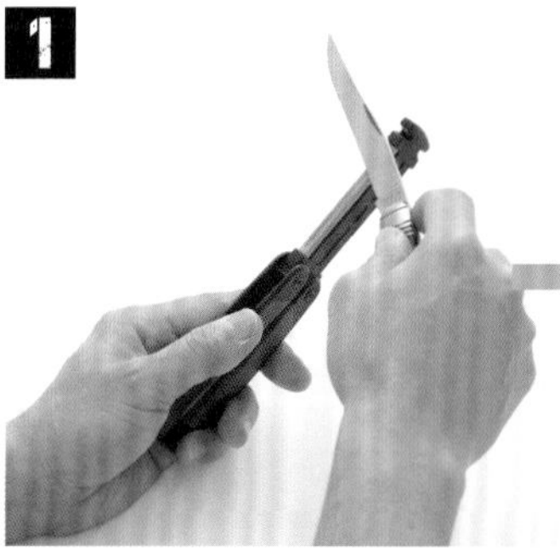

2

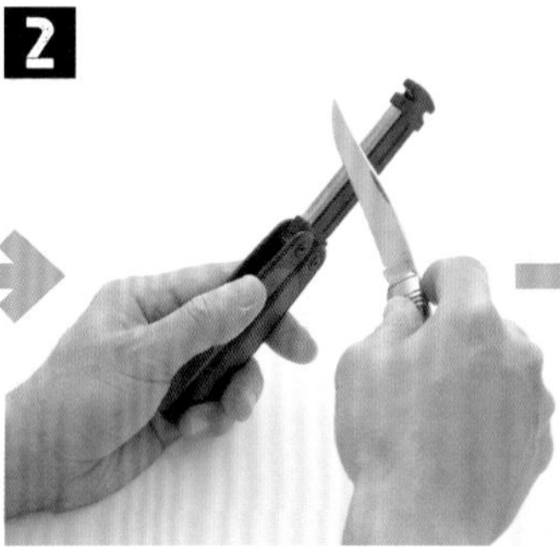

3

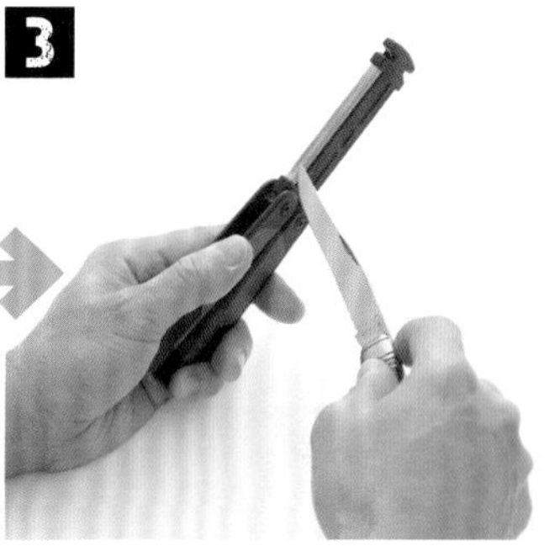

將刀片抵在磨刀棒，從刀頸到刀尖，往自己的方向下拉、磨擦。

口袋型磨刀器

將刀片夾入V字型的凹槽內，推拉、研磨。分為陶瓷面與碳合金面2種。

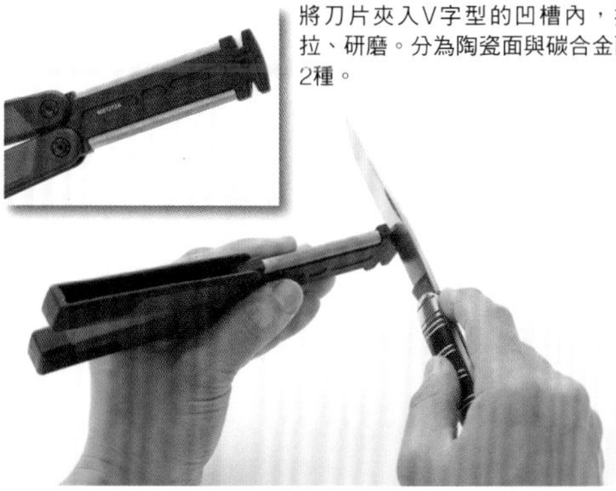

研磨鋸齒

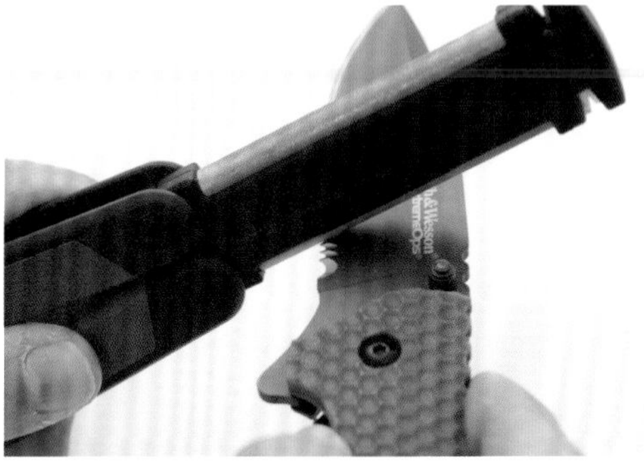

如果使用磨刀棒，也可以研磨鋸齒刀刃。

折刀的保養

最基本的，在刀具使用過後，就要用水洗淨

應該會有人很抗拒用水洗刀具吧。不過，用水洗刀具一點問題也沒有，反而是非常好的。只要後續處理做得好就可以。可以說，用水洗刀具是刀具保養的基本原則。

在野外使用的刀具上頭，很容易附著泥土、鹽水，或是肉的油脂、血水等等，如果置之不理，很快就會生鏽。因此，盡可能在每次使用後，就要用水洗淨比較理想。如果有困難，也要在回家後，盡快用水洗淨刀具。難洗的汙垢，則用溫水與中性的清潔劑清洗即可。

另外，萬一出現鏽斑的話，最重要的是，要趁早處理。使用市售的金屬研磨劑來除鏽即可。如果是很厚、很難處理的鏽斑，就用砂紙、銼刀或磨刀石來磨除。

折刀可活動的部分，保養時要特別小心

折刀的保養，比鞘刀還要費工夫，這是因為折刀有很多如折疊刀片的旋轉部位、鎖定裝置等可動的部分。

一旦血水、油脂等卡進這些可動的部分，就很難清除，不但會造成動物的惡臭或魚腥味，也會使刀具生鏽。而卡入毛屑、塵埃或砂石等，則會使這些裝置無法正常活動。

刀具入手的第一步，基本原則還是先用水洗淨。頑固的髒汙，用中性清潔劑就可去除。刀具握把的內部，也要洗乾淨。尤其是像刀莖的鎖溝、鎖栓與內襯接觸的部位、鎖定開關等精細的部分，要好好洗淨。牙籤、棉花棒、鑷子和牙刷，都能用來作為清洗工具。

用水洗淨且也清除刀具握把內的汙垢後，就用吹風機吹乾刀具，並且盡可能地趕快吹乾。有些握把的材質不耐熱，或不耐乾燥，因此也要注意溫度的問題。

刀具完全乾燥後，就在可動的部分上油。需要上油的可動部位指刀片的支軸與鎖栓、鎖定開關的周圍等等。上油後，讓這些部位活動幾下，以確認可以操作，也讓油滲透進去。

進行保養工作時，要注意外露的刀片

保養折刀時，通常要進行展開刀片的動作，由於會露出銳利的刀刃與刀尖，因此伴隨著很大的危險性，操作時，務必要小心、注意。

這個時候用透明膠帶或封箱膠帶貼住刀刃與刀尖，是最安全的方法。如果殘膠黏在刀上，之後再用稀釋液或去漬油，就能輕鬆擦去，不用擔心。

◆折刀保養的注意事項

需要特別保養的地方

刀莖的周圍。如：鎖溝、鎖栓周圍的汙垢清除後，再上油，讓刀莖活動自如。

鎖栓的周圍。如：和內襯接觸的部分、鎖扣周圍的汙垢清除後，再上油，讓鎖栓活動自如。

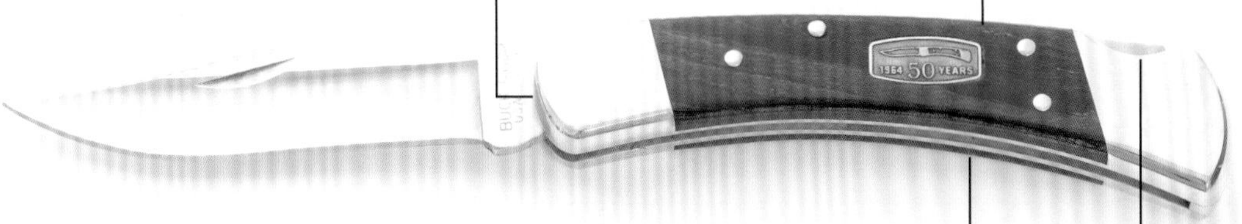

清除內襯裡的汙垢，使刀片的收合沒有阻礙。

鎖定開關周圍的汙垢清除後，再上油，讓鎖定開關活動自如。

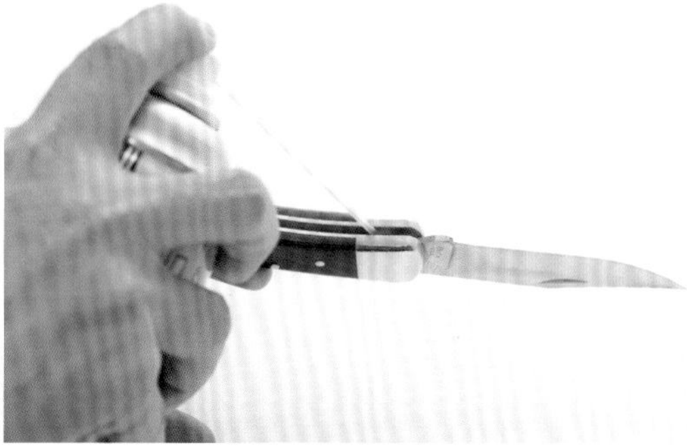

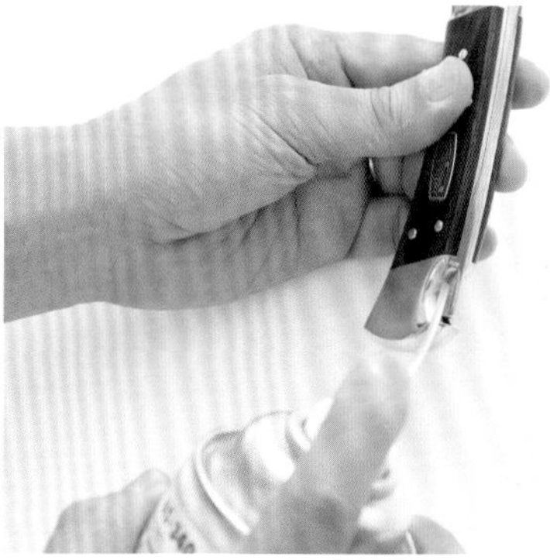

去除鏽斑

塗上市售的金屬研磨劑，再用乾布擦拭，即可去除鏽斑。

保管方法與安全管理

鐵合金製的刀，要確實做好防鏽

保管刀具時，不能不注意的事情是什麼呢？那就是「容易生鏽」與「危險性」。關於保管刀具的這2點，必須要注意的就是保管方法和保管場所的選擇。

刀具的天敵之一，就是「生鏽」。

因為是鐵合金做的刀具，在充滿空氣與水氣的戶外使用，一定會生鏽。在野外頻繁使用的瑞士刀，立刻就會變紅色；黃銅製的刀具，則立刻會浮現綠色的銅鏽；就連不鏽鋼也會受到腐蝕。

因此，保管刀具時，一定要考量「防鏽對策」。

首先要注意的就是，把刀具從刀鞘裡拿出來放。製成刀鞘材料的皮革，由於浸泡過鹽水，也經過化學處理，所殘留的鹽分和化學物質，對於刀具來說是一大敵人。而且刀鞘是為了方便攜帶的產物，並非保管刀具用的物品。

保管的場所只要空氣流通，溫度與濕度都適當就很好，千萬不要放在潮濕的地下室。將刀具和矽膠一起放進木箱中，或是放進相機的防潮箱等，也很好。

另外，如果要長期保存，可用油紙包覆；也可在刀片上塗上薄薄一層油，再用柔軟的布包覆，或用保鮮膜包覆也可以。還有一種方法是，在密封塑膠袋的內側塗上油，再將刀具放入。

從去年的某一季，接著度過了一個冬天，在今年初要使用時，盡可能地早點拿出來，確認刀具的狀況。如果是在要去露營的前一天才拿出來，發現刀具上滿是鏽斑，就來不及了。

孩子拿不到的地方、不顯眼的地方

在安全性方面，首先，要收納在孩子拿不到的地方。特別是男孩子對刀具很感興趣，不能讓他們拿來當玩具在嘻鬧。到處奔跑而碰撞到刀具，也很危險。

另外，東西可能會掉落的地方，也不適合收納刀具。跑出刀鞘的鞘刀，如果從上頭掉落的話，是會受傷的，這是一例。將刀具收進紙箱中，並放在櫃子上的話，當紙箱掉落，或是人去碰撞到紙箱，刀具很容易就戳破箱子而掉出來。

還有一點，就是顯眼的地方。絕對要避免放在許多人出入的醒目地方，因為也要考量到，會替入侵的犯人提供武器的危險性。

另一方面，是比較矛盾的，要放在自己舉目所及，並且能確認刀具狀態的地方比較好。意思就是說，放在自己能夠管理，平常就在使用的上鎖書桌抽屜內，也是不錯的地點。

正因為刀具是只要使用方法錯誤，就會變成傷人凶器的物品，才要隨時注意細節，確實做好管理。意思就是說，適當的使用、保養與管理，就是和刀具最好的相處之道。

防止生鏽的收納方法

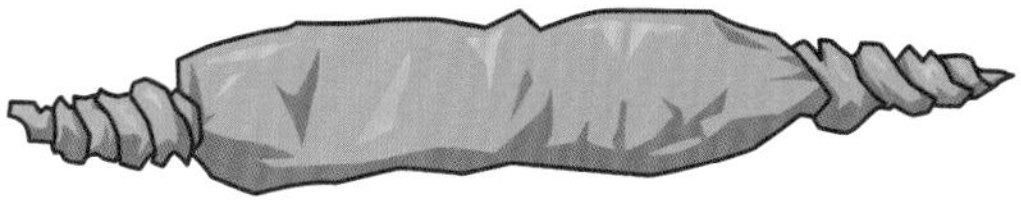

用油紙包覆。

在刀片上塗上油，再用保鮮膜包覆。

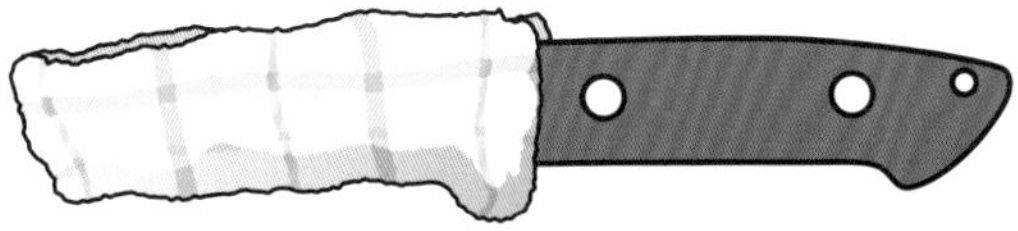

在刀片上塗上油，再用柔軟的布包覆。

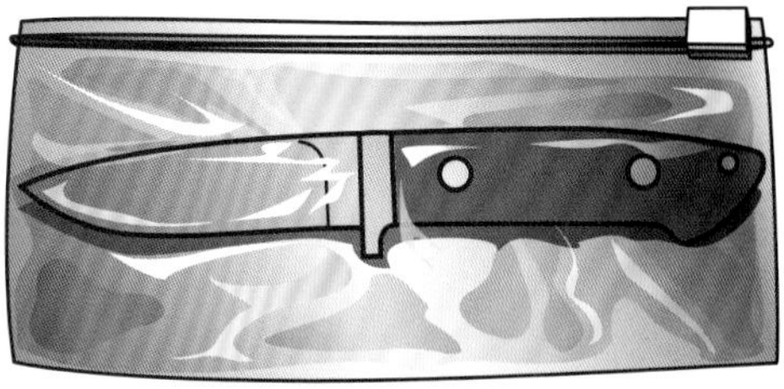

在密封塑膠袋的內側塗上油，再將刀具放入。
要小心不要讓不耐油蝕的刀具握把碰到油。

安全管理很重要

如果只是把刀具放入紙箱中，當紙箱掉落時，
刀具很可能會戳破箱子而掉出來。

如果有小男孩在，請將刀具收在他們拿不到的地方。

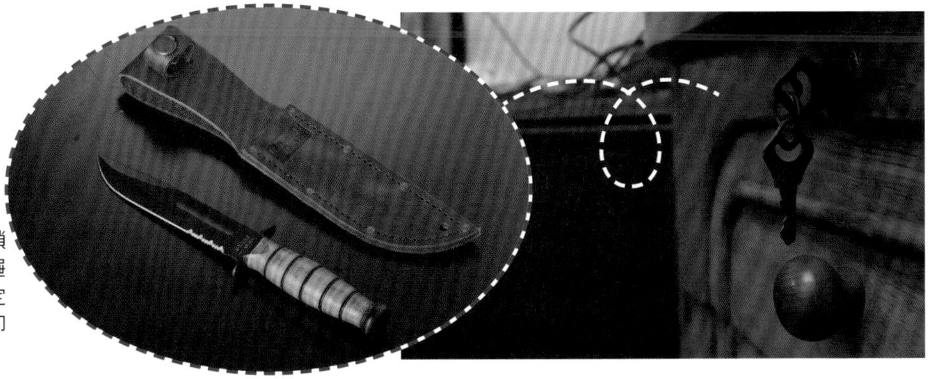

放進可上鎖的書桌抽屜內後，確定有上鎖即可。

COLUMN

刀具相關的法令與禁忌

禁止持有刀劍類，禁止攜帶刀具

在日本，有關使用刀具時不得不注意的法令有2個。

第一個是《持有槍砲刀劍類等取締法》，簡稱《槍刀法》。

槍刀法中，原則上禁止製作武器，也禁止持有具高殺傷力且超過5.5公分的刀劍類。其中的第3條規定「任何人（中間省略）都不得持有槍砲或刀劍類」。

另外，槍刀法中，原則上也禁止攜帶超過6公分的刀具在路上行走。關於這點，在第22條中就規定「除了業務需求等其他正當理由之外，任何人不得攜帶刀具。」

法條中所指的「正當理由」，如：從商家購買刀具後，帶回自己家裡的情況等等。所謂的「攜帶」指將刀具握在手上，或是帶在身上等，放在自己身邊可以隨手取用的狀態，並且一直持續著這個狀態。

另一個法令是種輕型犯罪法。這裡所指的是刀具沒有超過6公分也觸法的情況。在其第1條第2項中提及「沒有正當理由，私藏刀具（中間省略）並攜帶出門者，處拘留或易科罰金」。無論有沒有超過6公分，就是禁止沒有正當理由卻私藏刀具出門的行為。

關於其「正當理由」與槍刀法所指相同。而禁止的項目，依據情況的不同，也包含多功能刀具與瑞士刀。這裡的「私藏並攜帶」與槍刀法所指的「攜帶」相同，並多加了私藏這一項。即便是放在口袋裡或放置於車內，也視同違反其規定。

撇開法令不談，從一般常識的概念來看，在使用刀具時也有希望大家要注意的基本規範。最根本的就是不要忘記，當使用方式的不同，刀具也會變成凶器。其他基本規範還有像是：沒有理由不要在人前拿出刀具、不要將刀尖向著他人、刀要離身時必收進刀鞘，以及在戶外隨身帶著刀具時，收進刀鞘裡的刀具，要放在人們看得見的位置等等。

遞刀具時的基本原則

將刀具握把朝向對方是基本原則。將刀片橫躺，刀刃朝向身體外側，刀尖不能向著他人。

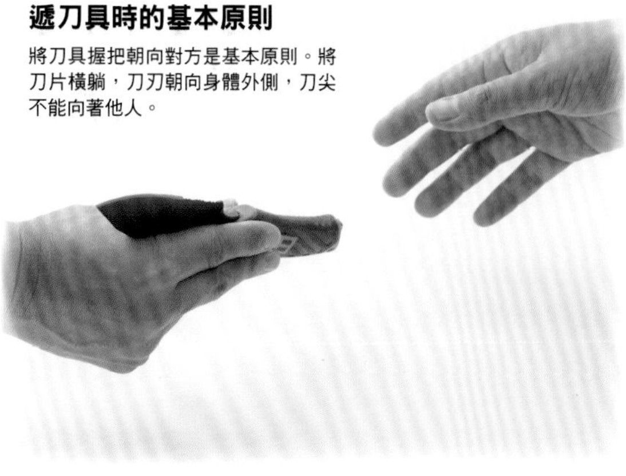

讓你更加瞭解刀具的專業術語

英文

ABS樹脂　以丙烯清（Acrylonitrile）、丁二烯（Butadiene）與苯乙烯（Styrene）聚合而成的熱塑性樹脂，有優越的耐衝擊性，多用來作為刀具握把的材質。

EDC刀具　指實用性高，適合在日常生活中隨身攜帶的刀具。但是，在日本攜帶刀具會受到法律限制。

forging　指鍛造。

kydex　一種熱塑性合成樹脂板。由於輕巧、堅固且防水性佳，大多用來作為潛水用刀或戰術刀的刀鞘材質。

Loveless Bolt　Loveless研發的一種螺栓。

sharpening　研磨刀具。

swage　「背面也是刃面」的構造，即是指背面也有刀刃的狀態。

touch up　在沒有磨刀石的野外，當刀刃變鈍時，用攜帶型的磨刀器稍微修整一下，刀刃就能暫時回復其鋒利度。

trout &bird　專門用來處理魚、鳥等小型動物的刀具。

zytel　杜邦公司（DuPont）出產的一種尼龍樹脂。廣泛運用於汽車、家電、電子產品、工業機械用品與日常生活用品等的一種塑料。

1-2劃

一體式刀莖（full tang）　與刀具握把設計形狀相同的刀莖。非常牢固，但是由於握把外圍會有鋼材露出，比較容易生鏽的鋼材就不適合製成一體式刀莖。

一體成型的直刀（integral knife）　自一整塊鋼材製成刀片、刀柄與握把等一體成型的刀。製作較困難，因此價格大多偏高。

刀片（blade）　指刀身，包含刀刃的部分。

刀尖（point）　刀具的尖端，突刺時就是使用此處。

刀托（butt）　刀具握把後端的部分，又稱為刀柄頭（pommel）。

刀托頭（butt cap）　窄式刀莖刀具的握把後端上附加的刀柄頭，使用金屬等其他材料製作。

刀具握把（handle）　握刀時手掌握取的部分，又稱為握柄（grip）。

刀柄（hilt）　在刀片與刀具握把之間，防止手滑的金屬裝置，又稱為護手（guard）也有無護手鈎的形制。

刀柄頭（pommel）　刀具握把後端的部分，又稱為刀托（butt）。

刀根（end tang）　刀莖的後端部分。

刀莖（tang）　與刀片相連，為了安裝到刀具握把上的中心部位。除了骨架式（skeleton type）握把外，所有的握把內都有安裝。

刀鞘（sheath）　收納刀具的套子。大多是牛皮製，也有金屬、木頭或象牙等材質製的刀鞘。

刀頸（ricasso）　在刀片根部，有段沒有刀刃且離刀具握把很近的平坦部位。大多會在這個部位做刻印。

刀鍔（guard）　刀具握把與刀片交界處的鍔。與襯墊不同，刀鍔一定有個突出的護手鈎，意思等同於刀柄。

匕首（dagger）　刀片擁有上下對稱的刀刃，典型的雙刃刀具。

3-4劃

刃（edge）　即是刀刃。又稱為刀口、cutting edge。

口袋刀（pocket knife）　小型的折刀，也包含瑞士刀。

小獵刀（caper）　適合狩獵時，解剖獵物的頭皮、眼周等精細作業的刀款。

工廠刀具（factory knife）　刀具工廠大量生產相同設計、相同尺寸的刀具。刀片採加壓塑形方式，製作過程分工化，以極高的效率製成刀具

不鏽鋼（stainless steel）　為防止氧化而加入鉻的一種鋼材。鉻含量約13%的為佳，若低於此含量，則稱為半不鏽鋼（semi-stainless steel）。

中軸（pivot pin）　將折刀刀片固定於刀具握把上，並且在刀片開合時作為旋轉軸心的插銷。

內襯（liner）　在折刀刀具握把的內側，所安裝的握把材質側板。

內襯鎖定（liner lock）　折刀鎖定系統的其中一種。內襯具有彈簧的效果，以鎖定展開的刀片。

木材米卡塔（Wood Micarta） 用於飛機螺旋槳的多層夾板，也用來當刀具握把的材料。由於有脫落、剝離與強度的問題，最近比較沒有在使用。

水石 磨刀時，要在石面一邊潑水一邊研磨的磨刀石。

水滴狀刀尖（drop point） 刀尖順著刀片中線而下的刀片形狀，由Loveless所完備的一種刀片形狀。

片魚刀（fillet knife） 處理魚類用的刀具。刀片較薄，幅度也較窄。

5-6劃

凸磨（convex grind） 刀片切面的外側呈現弧形的刀刃。耐衝擊性強，多用於製作斧頭、柴刀與日本刀的蛤刃。

凹槽（choil） 刀刃後端與刀頸之間凹下去的部分。折刀的刀片大多數都有凹槽。

凹磨（hollow grind） 將刀片表面削成凹狀的磨製法。

半尾刀莖（half tang） 一體式刀莖的下端，切除約刀具握把長度的2分之1，上半部的刀莖則固定在握把的溝內。

半剝皮刀（semi-skinner） 剝皮刀的其中一種，但是比起一般的剝皮刀，半剝皮刀的刀片形狀，其弧形刀刃弧度較和緩。

平磨（flat grind） 磨製方法是將刀片的斷面磨成V字型，刀片的表面則是磨得很平坦。

正面（obverse） 刀刃朝下時，刀片左側的那一面，稱之為正面。通常這一面都會刻印製造廠商的品牌名稱。

皮製墊圈握把（leather washer handle） 將堅硬的皮革切割成環狀，一圈一圈地固定在刀托頭上的刀具握把。

多功能刀（multi-tool） 指工具刀，附有許多種工具。

帆布米卡塔（Canvas Micarta） 將帆布層層疊起，在環氧樹脂中加壓成型的一種材料，用來作為刀具握把的材質。

米卡塔（Micarta） 將布料、紙張或木頭層層堆疊，再用樹脂加壓成型，用來當刀具握把的材質。

7-8劃

刨削刀尖（clip point） 從刀背到刀尖間，前端有道凹陷，之後順著弧線而下的刀片形狀。也有垂直而下的刀片形狀。

折刀（folding knife） 可以折疊的刀具。

改良式刀具握把（improved handle） 由於是有大面積指溝槽（Finger Grooves）的刀具握把，因此大多沒有護手鈎。這類握把較為緊實，能夠迅速收進刀鞘裡或取出。

弧形刀刃（curve edge） 正對著刀尖，刀刃圓弧形狀的部分。

拇指柱（thumb stud） 為了展開折刀的刀片，而安裝在刀片上的突起物。使用方式是大拇指抵住、按壓拇指柱後，即可展開刀片。

油石（oil stone） 油磨刀石。潑灑黏著度較低的油脂，而非灑水來研磨。天然的和人工的油石都有。

波伊刀（bowie knife） 刀片長度為8～10英寸，刨削刀尖的大型格鬥用刀。

直刀（fixed blade knife） 固定式刀片刀具的總稱。刀片不像折刀是活動的，鞘刀是直刀的一種。

直線刀刃（Straight edge） 刀刃呈直線狀的部分。剝皮刀的刀片就沒有直線刀刃。

阿肯色石（arkansas stone） 使用美國阿肯色州（Arkansas）產的天然石頭，製成的磨刀石。

9劃

前鎖式（front lock） 折刀的鎖定開關在前端的一種鎖定系統。

客製刀（custom knife） 手工製造的刀具。一般來說，比起在工廠製作的刀具，客製刀的設計與技術都較優異，成品精緻度也較高。

封口袋（flap pouch） 完整包覆刀片與刀具握把式的刀鞘，大多用來收納折刀。

指溝（NailMark） 展開折刀或口袋刀的刀片時，可用指甲抓取的橫溝。

指槽（finger groove） 在刀具握把的側邊有段凹陷，以讓手指抓取的溝槽。

研磨用油（honing oil） 以油石來研磨時所使用的油。

美式袋囊（American pouch type） 刀鞘種類之一。刀具收進美式袋囊時，正好卡住刀柄，能夠牢牢固定不會脫落，但是單手用力一拉就能將刀拔出。由Loveless所研發。

耐腐蝕性 鋼材對於鐵鏽（腐蝕）的強度。

耐磨損性　鋼材的磨損強度。

背面（reverse）　刀片正面（obverse）的相反面。也可以稱之為反面，通常這一面不會有刻印。

背鎖式（back lock）　折刀的鎖定開關在刀具握把背後的一種鎖定系統。

背鎖式（lock back）　同 back lock。

10劃

剝皮刀（skinner）　剝皮用的刀。刀尖朝上時，刀刃稜線呈現大大的圓弧狀。

射出成型（injection molding）　塑膠成型法之一。將樹脂加熱，使其流動，再將流動化的塑膠於冷卻的模具中，射出以成型。

格紋（checkering）　在刀背或刀腹上，用直條紋銼刀、銼刀組合等，切割出止滑用的交叉溝紋。

框架鎖定（frame lock）　折刀內襯鎖定（liner lock）的其中一種。框架鎖定沒有內襯，而是使用握把框架的本身作為板簧，來固定刀片的一種鎖定系統。其優點不只可將握把做得較輕薄，由於可以握得比較緊，強度也隨之增強。

窄式刀莖（narrow tang）　刀莖種類之一，是種比刀片幅度還要狹窄的刀莖。將刀莖插入挖了洞的刀具握把後，有以環氧樹脂黏著劑安裝，也有以螺絲栓緊的方式。

紋章（Escutcheon Blade）　指嵌在刀具握把側邊的金屬板，用來雕刻持有人的姓名或一些文字。

11-12劃

側邊鎖定（side lock）　折刀鎖定系統的其中一種。鎖定開關安裝在刀具握把的側面。

強化用玻璃（glass reinforced）　在塑料等材質上頭，使用玻璃纖維來強化。全稱是玻璃纖維強化用塑料（glass fiber reinforced plastic）。

強韌度　鋼材的磨損強度。意思與耐磨損性相同。

野外求生刀（survival knife）　在未經開發之地求生時能派上用場，集結數種技術的多功能刀具。原本，是為了飛行員在緊急狀況時使用而開發的刀具。

鹿角（stag horn）　用鹿角作為刀具握把的材質。刀具用的幾乎都是印度大水鹿的角。

鹿角骨節（bone stag）　將牛骨表面加工處理，做成像鹿角般的握把材質。

幀間（inter frame）　在金屬握把材質上鑿挖各種形狀的凹槽，再緊密地嵌入貝殼、象牙等，以此技術製成的刀具握把。

握柄（glip）　握刀處，刀具握把的別稱。

短刀刀片（tanto blade）　類似於日本短刀的刀片形狀。有平磨（flat grind）的斷面，因此刀尖的位置較高，擁有突刺硬物的強度。

短劍（stiletto）　一種刀，刀刃非常薄，刀尖為突刺用途，刀片為細長形。

硬度　經過熱處理後鋼材的硬度。普遍採用C標度洛氏硬度數，以HRC來標示。

象牙米卡塔（Ivory Micarta）　將紙張層層疊起，再浸漬在環氧樹脂（epoxy resin）中，加壓成型的刀具握把材質。由於呈現象牙色，因此稱為象牙米卡塔。

開山刀（Machete）　又長又大的刀片，使用方法和柴刀相同，是種適合用來砍伐草木的刀。中南美洲的甘蔗田裡最常使用開山刀。

開放式刀套（open sheath）　雙刀柄刀具用的刀鞘。在覆蓋刀具握把的蓋口上頭，繫著條皮帶。

開放式刀鞘（open scabbard）　刀柄部分繫著條皮帶，用來固定刀具的一種刀鞘。

雄鹿（Samber Stag）　印度大水鹿的角。用來作為天然的刀具握把材質。

韌性　指鋼材的黏著性、耐衝擊性的強度，與硬度相反。

黃銅　銅與鋅的合金。最常用來作為刀柄、襯墊的材質，但是使用不當的話，其表面會長出綠色的銅鏽。

黑檀木（Ebony）　柿樹科的常綠喬木，是種非常堅硬的木材。

13-14劃

傳統握把（convention handle）
附有刀柄的標準型刀具握把。

滑動接頭式（slip joint）
沒有鎖定裝置的折刀。

瑞士刀
多功能刀具，附有多種道具。

實用刀（utility knife）
多功能用途，刀片長度約在4～5英寸左右的刀具。刀片形狀大多是刨削刀尖。

槍型刀尖（spear point）
spear指的是槍、矛。擁有對稱的雙刃（double-edge），細長又銳利的刀片形狀。

漁刀（fishing knife）
適合釣魚活動用刀的總稱。

碳鋼
為了提高刀片的硬度，而加入許多碳的鋼材。但是，如果碳含量高達2.1％以上，鋼材就會變脆弱易斷，因此碳鋼的碳含量都在2.1％以下。

銀焊
如果有水漬或血液滲入刀柄和刀片接合處，刀具握把內部就會生鏽，為了防止這種情況發生，就要藉由銀焊，來進行隙縫密合作業。最近，也有人使用環氧樹脂的黏著劑來密合。

15-16劃

噴砂處理（sandblast）
使用噴砂機噴射砂粒或鋼粉於刀具上，進行刀片表面的處理作業。用來去除刀具表面經過熱處理時，附著在上頭的氧化皮膜，以及防止光線的反射。

熱處理
將鋼材加熱並冷卻處理，以調節硬度的作業。藉由調整加熱的溫度與冷卻的速度，來達到所需要的硬度與韌性。

緞面加工（satin finish）
一種加工處理法，使刀片表面上有與刀刃稜線呈直角的、不規則刮痕的緞面。

蝴蝶刀（butterfly knife）
折刀的一種。攜帶時將刀刃收合；使用時則將刀柄左右拉開，以露出刀刃。因形似蝴蝶展翅而命名。

戰鬥刀（fighting knife）
波伊刀或匕首等，戰鬥用刀的總稱。

戰術刀（tactical knife）
特種部隊、警察等，為了跨越嚴峻的環境而使用的一種實用刀具。

磨除法（Stock Removal）
Loveless發明的一種從鋼板切割出刀具外型的製刀法，客製刀普遍都是這種做法。自從有了磨除法，即使沒有鍛造技術也能製刀。

鋸齒（serration）
指刀刃或刀背上切割成如鋸子般的刃。

錐形一體式刀莖（full tapered tang）
從刀柄部分向後延伸的刀莖兩側，做對稱削薄加工的一種刀莖種類。當初是為了調整刀具重量的平衡而研發這種刀莖。

雕刻（Scrimshaw）
在刀具握把表面上用雕刻用的針去刻畫、上色、雕刻圖樣的技術。

鞘刀（sheath knife）
刀片無法收合，但可放進刀鞘內攜帶出門，固定刀刃型的刀具統稱。又稱為固定刃（fixed blade）。

17-25劃

螺栓（fastening bolt）
用來將一體式刀莖固定於刀具握把的拴子。

隱藏式刀莖（concealed tang）
從兩側固定削薄的刀具握把材質，一種完全被包覆的刀莖。由於握把周圍沒有金屬外露的部分，因此不會生鏽。

獵刀（hunting knife）
狩獵用刀的總稱。刀片的設計，因應作業內容而有專業化的區分。

鎖定裝置
折刀上，當刀片展開時，為了固定刀片不讓其收合的裝置。

雙刀柄（double hilt）
如戰鬥刀、波伊刀與靴刀等這類的刀具，刀柄的上下都有突出的護手鈎。

繫繩（lanyard）
為了防止刀具脫落而附加的繩索。

繫繩孔（thong hole）
附加在刀具握把後端，繫繩子用的洞孔。

鏡面拋光（mirror finish）
將刀片表面處理成如鏡面般。

護手鈎（qullion）
安裝在刀柄或刀鍔下方，保護手指的突出物。如果是雙刀柄的刀具，則是上下兩端都有護手鈎。

襯墊（bolster）
刀具握把前面金屬端的部分，特別是指折刀上安裝的金屬端。而刀具握把後面所安裝的金屬端，則稱為底襯（end bolster）。

鑲嵌（inlay）
在刀具握把上，嵌入金屬、貝殼或象牙等，作為裝飾。

刀具商店「Malugo」

二次大戰後，在東京上野的阿美橫町開的店。販賣古書、古早味零嘴（糖果屋）、乾貨、玩具等，也經營柏青哥遊樂場，是間擁有60年以上歷史的老店。現在共有3間店，販賣各式各樣的模型槍、刀具、手電筒等舶來品，種類豐富。

Malugo本店　〒110-0005　東京都台東区上野6-4-7
tel. 03-3831-7966　fax.03-3835-0807
http://www.malugo.com

【日文版工作人員】

監　　修　金子英次

編　　輯　ナイスク(naisg.com)
松尾里央　岸正章

取材・撰文　伊大知崇之

排版設計　サカモトハルエ

攝　　影　魚住貴弘　中川文作

插　　畫　上丸健

制作協力　有限會社Imagination Creative

協　　力　株式會社malugo
株式會社amanaimages

經典刀具事典

突擊刀、軍用刀、瑞士刀……50把名刀全收錄！

2015年12月1日初版第一刷發行

監　　修　金子英次
譯　　者　李宜萍
編　　輯　林宜柔
發 行 人　齋木祥行
發 行 所　台灣東販股份有限公司
＜地址＞台北市南京東路4段130號2F-1
＜電話＞(02)2577-8878
＜傳真＞(02)2577-8896
＜網址＞http://www.tohan.com.tw
郵撥帳號　1405049-4
新聞局登記字號　局版台業字第4680號
法律顧問　蕭雄淋律師
總 經 銷　聯合發行股份有限公司
＜電話＞(02)2917-8022
香港總代理　萬里機構出版有限公司
＜電話＞2564-7511
＜傳真＞2565-5539

TOHAN

國家圖書館出版品預行編目資料

經典刀具事典:突擊刀、軍用刀、瑞士刀......50把名刀全收錄! / 金子英次監修 ; 李宜萍譯. -- 初版. -- 臺北市 : 臺灣東販, 2015.12
面；　公分
ISBN 978-986-331-896-5(平裝)

1.刀

472.96　　104023832